辰龙，十二生肖中唯一带有神性的动物。辰时容易起雾，传说龙擅长腾云驾雾，大雾之中“神龙见首不见尾”，只能隐约地看到龙，便有了“辰龙”。“龙”是我们远古祖先图腾崇拜的产物，后逐步升华为中华民族精神的重要象征，代表着以爱国主义为核心，团结统一、爱好和平、勤劳勇敢、自强不息的民族精神。中国人对龙的崇拜渊源久远，并且深深根植于中华民族的灵魂和血液中，一直影响至今。对于每一个炎黄子孙来说，我们都是龙的传人，龙的形象是一种符号、一种精神、一种血肉相连的情感。

阅读是人类获取知识、启智增慧、培养道德的重要途径，可以让人得到思想启发，树立崇高理想，涵养浩然之气。中华民族自古提倡阅读，讲究格物致知、诚意正心，传承中华民族生生不息的精神，塑造中国人民自信自强的品格。希望广大党员、干部带头读书学习，修身养志，增长才干；希望孩子们养成阅读习惯，快乐阅读，健康成长；希望全社会都参与到阅读中来，形成爱读书、读好书、善读书的浓厚氛围。

——习近平

编写说明

一年一度的《每日益读》又与大家见面了。

近年来，传统文化热不断升温。中华优秀传统文化是中华民族的根和魂，是我们在世界文化激荡中站稳脚跟的根基。文化积淀浩如烟海，今年的日历书以拾零辑要的方式，和读者朋友一起领略中华优秀传统文化的博大精深：**“文化思想”**（每周一），学原文悟原理，掌握习近平文化思想的精髓要义；**“文化通识”**（每周二），发掘日常生活背后的文化底蕴；**“文化明珠”**（每周四），感受我国世界文化遗产和非物质文化遗产的独特魅力；**“节气养生”**（每周五），体悟中国医学顺时而为的养生智慧。

另外，特设**“大国重器”**板块（每周三），梳理近些年我国自主研发的震撼世界的科技成果和重大项目，彰显中国制造的硬核实力。

一月

贰零贰肆

农历甲辰年

一月

星期一

元旦

一日

农历癸卯年·十一月二十

贰零贰肆

要坚持以新时代中国特色社会主义思想为指导，全面贯彻党的二十大精神，聚焦用党的创新理论武装全党、教育人民这个首要政治任务，围绕在新的历史起点上继续推动文化繁荣、建设文化强国、建设中华民族现代文明这一新的文化使命，坚定文化自信，秉持开放包容，坚持守正创新。

一月

星期二

二日

农历癸卯年·十一月廿一

贰零贰肆

河图与洛书是古代流传下来的两幅神秘图案。河图上，排列成数阵的黑点和白点；洛书上，纵、横、斜三条线上的三个数字，其和皆等于15，精巧奇妙。二者被认为是阴阳五行的滥觞、中华文明的源头。相传伏羲氏时，黄河孟津段浮出龙马，背负河图，伏羲依此而演八卦，为《周易》之源。大禹时，洛河中浮出神龟，背驮洛书。大禹依此治水，划分九州，定九章大法，治理天下。

一月

星期三

三日

农历癸卯年·十一月廿二

贰零贰肆

大国重器

“中国天眼”

500米口径球面射电望远镜（“中国天眼”）是我国重大科技基础设施建设项目，坐落于贵州省平塘县，口径为500米，面积约为30个足球场大小，是当今世界上最大单口径、最灵敏的射电望远镜。自2020年正式开放运行，“中国天眼”已经在中性氢谱线测量星际磁场、快速射电暴、脉冲星、纳赫兹引力波等领域取得一系列重要突破，为中国的射电天文学发展作出突出贡献。

一月

星期四

四日

农历癸卯年·十一月廿三

贰零贰肆

良渚古城遗址

2019 年列入《世界遗产名录》。位于我国东南沿海长江三角洲，约公元前 3300—前 2300 年新石器时代晚期，曾经有一个以稻作农业为支撑、具有统一信仰的早期区域性国家。遗址有 4 个部分：瑶山遗址区、谷口高坝区、平原低坝区和城址区，以其大型土质建筑、城市规划、水利系统以及不同墓葬形式所体现的社会等级制度，成为早期城市文明的杰出范例。

一月

星期五

五日

农历癸卯年·十一月廿四

贰零贰肆

节气养生

明天为小寒节气。一年里面四季的节气是不同的，气候也是不同的，天地阴阳之气的变化也是不同的。顺应天地的变化，调适自己的活动，才能更好地生活和工作。《黄帝内经》写道：“春夏养阳，秋冬养阴。”小寒时节，土气旺，肾气弱，饮食方面宜减甘增苦，补心助肺，调理肾脏。

一月

星期六

小寒

六日

农历癸卯年·十一月廿五

贰零贰肆

春有百花冬有雪
夏有凉风秋有月
若无闲事挂心头
便是人间好时节

一月

星期日

七日

农历癸卯年·十一月廿六

贰零贰肆

周而复始

一月

星期一

八日

农历癸卯年·十一月廿七

贰零贰肆

着力加强党对宣传思想文化工作的领导，着力建设具有强大凝聚力和引领力的社会主义意识形态，着力培育和践行社会主义核心价值观，着力提升新闻舆论传播力引导力影响力公信力，着力赓续中华文脉、推动中华优秀传统文化创造性转化和创新性发展，着力推动文化事业和文化产业繁荣发展，着力加强国际传播能力建设、促进文明交流互鉴。

一月

星期二

九日

农历癸卯年·十一月廿八

贰零贰肆

文化通识

人们常用“社稷”来指代国家。社，指土地之神；稷，指五谷之神。土地神和五谷神合称社稷，分别在社坛和稷坛祭祀，后来合并为“社稷坛”一并祭祀。古时，君王为祈求国泰民安，五谷丰登，每年都要在社稷坛祭祀土地神和五谷神，故社稷逐渐成为国家的象征。

一月

星期三

十日

农历癸卯年·十一月廿九

贰零贰肆

C919 大型客机

C919 大型客机是我国按照国际通行适航标准研制、具有完全自主知识产权的大型喷气式民用飞机。2017 年首飞；2022 年 9 月取得中国民航局型号合格证；2023 年 5 月 28 日圆满完成首个商业航班飞行，正式进入民航市场。大型客机研发和生产制造能力是一个国家航空水平的重要标志，也是一个国家整体实力的重要标志。C919 的生产运营，是中国大飞机事业的重要里程碑。

一月

星期四

十一

农历癸卯年·腊月初一

贰零贰肆

泉州：宋元中国的世界海洋商贸中心

2021 年列入《世界遗产名录》。宋元时期泉州曾是亚洲海洋贸易网络东端的商贸中心，东南面的辽阔海域是其对外联系门户，西北面的广袤山区是其产业基地，水陆复合的运输网络连接其间。其组成部分包括行政建筑遗址、宗教建筑和雕像、文化纪念地史迹、窑址和冶铁遗址以及由桥、码头和航标塔组成的交通运输网络，见证了积淀并传承至今的多元共荣海洋商业传统。

一月

星期五

十二

农历癸卯年·腊月初二

贰零贰肆

节气养生

小寒时节养生应当藏阳、护阳、养阳，避寒就温。在寒邪最盛之时可以艾灸关元穴和肾腧穴，可以起到“雪中送炭”的补阳效果。《医钞类编》说：“养心则神凝，神凝则气聚，气聚则神全，若日逐攘扰烦，神不守舍，则易衰老。”冬季万物收藏，人也宜凝神敛思，精神静谧，从容温和，排除杂念，专心致志，身心俱静。

一月

星期六

十三

农历癸卯年·腊月初三

贰零贰肆

折花逢驿使
寄与陇头人
江南无所有
聊赠一枝春

一月

星期日

十四

农历癸卯年·腊月初四

贰零贰肆

周而复始

一月

星期一

十五

农历癸卯年·腊月初五

贰零贰肆

要着眼建设中华民族现代文明，不断构筑中华民族共有精神家园。必须顺应中华民族从历史走向未来、从传统走向现代、从多元凝聚为一体的发展大趋势，深刻理解把握中华文明的突出特性，在新的历史起点上不断构筑中华民族共有精神家园，为铸牢中华民族共同体意识奠定坚实的精神和文化基础。

一月

星期二

十六

农历癸卯年·腊月初六

贰零贰肆

上古伏羲氏画出了先天八卦图，殷周之际周文王变为后天八卦并推演为六十四卦，春秋时代的孔子则写易传评论，注解周易，发扬易学精义。画卦者伏羲、演卦者文王、传述者孔子，有“人更三圣，世历三古”之说。由伏羲画八卦开始，经过文王、孔子的研究和著述，建立了《周易》学术思想的系统。

一月

星期三

十七

农历癸卯年·腊月初七

贰零贰肆

华龙一号

“华龙一号”是我国在30余年核电科研、设计、制造、建设和运行经验的基础上，根据全球最新安全要求研发的第三代先进百万千瓦级压水堆核电技术，可抵御目前经历过的所有台风级别、9级烈度的地震及商用大型飞机的外部撞击。2021年1月全球第一台“华龙一号”核电机组——福建福清核电站5号机正式投入商业运行，标志着我国进入核电技术先进国家行列。

一月

星期四

腊八节

十八

农历癸卯年·腊月初八

贰零贰肆

鼓浪屿：历史国际社区

2017年列入《世界遗产名录》。鼓浪屿历史国际社区由具有多样化的本土和国际建筑风格的931组历史建筑、自然景观、历史道路、历史花园等构成。在本土居民、还乡华侨和外来多国侨民的共同营建下，鼓浪屿发展成为具有突出文化多样性和近现代生活品质的国际社区，成为活跃在东亚和东南亚地区海外华人、各界精英的理想居所，是19世纪中叶到20世纪中叶这一地区体现现代人居环境理念的独特范例。

一月

星期五

十九

农历癸卯年·腊月初九

贰零贰肆

节气养生

明天为大寒节气。《春秋繁露》里说:“大寒而物毕藏”。大寒是二十四节气中的最后一个节气,是冬尽春来的转折点,是一年中阴阳转换的重要时机。天地万物的敛藏期,从大寒开始就要慢慢结束了,养生也应随之“转轨”,可适当减少进补的食量,并佐以少量辛散升发之物。古有“大寒大寒,防风御寒,早喝人参黄芪酒,晚服杞菊地黄丸”之说法。

一月

星期六

大寒

廿日

农历癸卯年·腊月初十

贰零贰肆

晨起开门雪满山
雪晴云淡日光寒
檐流未滴梅花冻
一种清孤不等闲

一月

星期日

廿一

农历癸卯年·腊月十一

贰零贰肆

周而复始

一月

星期一

廿二

农历癸卯年·腊月十二

贰零贰肆

实施中华优秀传统文化传承发展工程，研究和挖掘中华传统文化的优秀基因和时代价值，推动中华优秀传统文化创造性转化、创新性发展，繁荣发展社会主义先进文化，构建和运用中华文化特征、中华民族精神、中国国家形象的表达体系，不断增强各族群众的中华文化认同。

一月

星期二

廿三

农历癸卯年·腊月十三

贰零贰肆

“姓”是表明家族系统的称号，“氏”是姓的分支。古代社会最早从母姓，所以“姓”字从“女”、从“生”。姓用来区别婚姻，氏用来区别身份贵贱。古代或以官职为氏，或以封邑为氏。古代妇人称姓，男子称氏。氏同姓不同的，可以通婚姻；姓同氏不同的，不可以通婚姻，即同姓不通婚。一般来说，姓是稳定的，世代相传，一般不会更改；而氏则可能随着封邑、官职的改变而改变，因此常有一个人的后代有几个氏或父子两代不同氏的现象。

一月

星期三

廿四

农历癸卯年·腊月十四

贰零贰肆

大国重器

“人造太阳”

全超导托卡马克核聚变实验装置（EAST），是我国研究的持续约束和控制核聚变反应的国之重器，被人们形象地称为“人造太阳”。托卡马克，是一种利用磁约束来实现受控核聚变的环形容器。它的中央是一个环形真空，外面围绕着线圈。通电时，其内部会产生巨大螺旋形磁场，将其中的等离子体加热到很高温度，以达到核聚变目的。2021 年我国实现 1056 秒长脉冲高参数等离子体运行，创造世界新纪录。

一月

星期四

廿五

农历癸卯年・腊月十五

贰零贰肆

左江花山岩画文化景观

2016年列入《世界遗产名录》。位于广西崇左，是由岩画密集分布的、最具代表性的3个文化景观区域组成，包含38个岩画点，岩画所在的山体和对面的台地，以及约105公里左江、明江河段，面积总计6621.6公顷。该文化景观展示出独特的画风和岩石艺术，生动地表现出公元前5世纪至公元2世纪期间，壮族先民在左江沿岸一带的精神生活和社会生活。

一月

星期五

廿六

农历癸卯年·腊月十六

贰零贰肆

节气养生

大寒节气处于冬季后十八日，为脾胃所主，故此时应注重顾护脾胃。调理脾胃重在恢复脾胃的运化功能，如可选用山药、扁豆、莲子肉、芡实等偏平补之品，佐以山楂、蔻仁偏以健运之品。大寒养生的重点在于调节肝胆经，这样不仅能升发阳气防风寒，而且能疏肝解郁。

一月

星期六

廿七

农历癸卯年·腊月十七

贰零贰肆

梅花得意占群芳
雪后追寻笑我忙
折取一枝悬竹杖
归来随路有清香

一月

星期日

廿八

农历癸卯年·腊月十八

贰零贰肆

周而复始

一月

星期一

廿九

农历癸卯年·腊月十九

贰零贰肆

中华优秀传统文化有很多重要元素，比如，天下为公、天下大同的社会理想，民为邦本、为政以德的治理思想，九州共贯、多元一体的大一统传统，修齐治平、兴亡有责的家国情怀，厚德载物、明德弘道的精神追求，富民厚生、义利兼顾的经济伦理，天人合一、万物并育的生态理念，实事求是、知行合一的哲学思想，执两用中、守中致和的思维方法，讲信修睦、亲仁善邻的交往之道等，共同塑造出中华文明的突出特性。

一月

星期二

卅日

农历癸卯年·腊月二十

贰零贰肆

八卦是中国文化中一个非常重要的概念，具有深刻的哲学内涵和广泛的应用价值。“八卦”一词最早见于《易传·系辞》。八卦有许多取象，其基本的取象是乾为天，坤为地，震为雷，巽为风，坎为水，离为火，艮为山，兑为泽，这种排列方式被称为“先天八卦”。还可以通过旋转和组合的方式，形成64种不同的“后天八卦”，每种后天八卦都代表了一种特定的事物或现象。

一月

星期三

卅一

农历癸卯年·腊月廿一

贰零贰肆

“悟空”号

“悟空”号是我国首颗空间天文卫星，它主要用于通过在空间观测高能电子和伽马射线能谱，寻找暗物质粒子存在证据，开展宇宙射线起源及伽马射线天文方面相关研究。“悟空”号探测器能量分辨率和电子—质子区分能力在同类探测器中达到最好水平。自2016年正式运行至2022年初，探测器探测并积累了超过110亿个高能宇宙线事例，多项成果为世界“首次”，大大推动了我国空间科学强国建设。

二月

贰零贰肆

农历甲辰年

二月

星期四

一日

农历癸卯年·腊月廿二

贰零贰肆

土司遗址

2015年列入《世界遗产名录》。位于中国西南山区，反映了13—20世纪初期古代中国在西南群山密布的多民族聚居地区推行管理少数民族地区的政治制度。留存至今的土司城寨及官署建筑遗存曾是中央委任、世袭管理当地族群的首领“土司”的行政和生活中心，是该历史时期土司制度管理智慧的代表性物证。

二月

星期五

北方小年

二日

农历癸卯年·腊月廿三

贰零贰肆

节气养生

北方地区的腊月二十三为小年，南方则为腊月二十四。本周日为立春，“立”为开始之意，立春表示万物复苏的春季的开始。春季是人体阳气生发的季节，应适当调养，使得阳气得以宣达。立春乃肝旺之时，食酸过多会使肝气过于旺盛，肝木旺易克脾土，损伤脾胃，且不利于阳气生发和肝气疏泄。甘味入脾，可以适当吃甘味食物补益脾胃。

农历癸卯年·腊月廿四

贰零贰肆

三日

二月

星期六

南方小年

乡心新岁切
天畔独潸然
老至居人下
春归在客先

二月

星期日

立春

四日

农历癸卯年·腊月廿五

贰零贰肆

周而复始

二月

星期一

五日

农历癸卯年·腊月廿六

贰零贰肆

中华文明具有突出的连续性。中华文明是世界上唯一绵延不断且以国家形态发展至今的伟大文明。这充分证明了中华文明具有自我发展、回应挑战、开创新局的文化主体性与旺盛生命力。深厚的家国情怀与深沉的历史意识，为中华民族打下了维护大一统的人心根基，成为中华民族历经千难万险而不断复兴的精神支撑。中华文明的连续性，从根本上决定了中华民族必然走自己的路。如果不从源远流长的历史连续性来认识中国，就不可能理解古代中国，也不可能理解现代中国，更不可能理解未来中国。

二月

星期二

六日

农历癸卯年·腊月廿七

贰零贰肆

生辰八字，简称八字，是指一个人出生时的干支历日期；年月日时共四柱干支，每柱两字。四柱为（年柱、月柱、日柱、时柱），每柱两个字，上为天干（甲、乙、丙、丁、戊、己、庚、辛、壬、癸），下为地支（子、丑、寅、卯、辰、巳、午、未、申、酉、戌、亥），正好八个字，所以叫“生辰八字”。

二月

星期三

七日

农历癸卯年·腊月廿八

贰零贰肆

高海拔宇宙线观测站

高海拔宇宙线观测站（昵称“拉索”），位于四川省稻城县海子山，海拔 4410 米，是世界上海拔最高、规模最大、灵敏度最强的甚高能和超高能宇宙线和伽马射线探测装置。2021 年 5 月，“拉索”宣布发现首批“拍电子伏加速器”和迄今人类观测到的最高能量光子，开启“超高能伽马天文学”时代，为破解宇宙线起源这个世纪之谜指明了方向。

二月

星期四

八日

农历癸卯年·腊月廿九

贰零贰肆

大运河

2014年列入《世界遗产名录》。分布在8个省（直辖市）27个城市，由31处独立的遗产区构成。大运河世界遗产包括中国大运河河道遗产27段，以及运河水工遗存、运河附属遗存、运河相关遗产共计58处遗产。这些遗产根据地理分布情况，分别位于31个遗产区内，展示了历史的发展、河道航行景观、水管理技术设施，以及与运河相关的城市景观、历史遗迹和文化传统。

二月

星期五

除夕

九日

农历癸卯年·腊月三十

贰零贰肆

节气养生

今天是除夕。春季的五行属性是“木”。“木曰曲直”，即向上生长和向外舒展，具有生长、升发的特点，五脏中“肝”的功能特点与春季气化特征相似。肝有调畅情志、疏泄气机的作用，所以春季在五脏中与“肝”相应。为疏达肝气，这个季节人们应该早起，衣着宽松，适当运动，使精神轻松愉快，保持体内的生机。不要过分劳累或动怒，否则易损伤肝脏。

二月

星期六

春节

十日

农历甲辰年·正月初一

贰零贰肆

爆竹声中一岁除
春风送暖入屠苏
千门万户曈曈日
总把新桃换旧符

二月

星期日

十一

农历甲辰年·正月初二

贰零贰肆

周而复始

二月

星期一

十二

农历甲辰年·正月初三

贰零贰肆

中华文明具有突出的创新性。中华文明是革故鼎新、辉光日新的文明，静水深流与波澜壮阔交织。连续不是停滞、更不是僵化，而是以创新为支撑的历史进步过程。中华民族始终以“苟日新，日日新，又日新”的精神不断创造自己的物质文明、精神文明和政治文明，在很长的历史时期内作为最繁荣最强大的文明体屹立于世。中华文明的创新性，从根本上决定了中华民族守正不守旧、尊古不复古的进取精神，决定了中华民族不惧新挑战、勇于接受新事物的无畏品格。

二月

星期二

十三

农历甲辰年·正月初四

贰零贰肆

亲属，是基于婚姻、血缘和法律拟制而形成的社会关系。古代将“五服以内”的血亲和三代以内的姻亲视为亲属，一般包括配偶、血亲和姻亲三类。家族，一般指同姓的亲属，也指具有同一血缘关系的人组成的社会群体，通常有几代人甚至几十代人。

二月

星期三

情人节

十四

农历甲辰年·正月初五

贰零贰肆

大国重器

超分辨光刻装备

2018年11月29日，由中国科学院光电技术研究所研制的国际首台分辨力最高的超分辨光刻装备通过专家组验收。光刻机光刻分辨率达到22纳米，结合多重曝光技术，可用于10纳米级别芯片的制造。光刻机在原理上突破分辨力衍射极限，采用了完全不同的技术路线，绕过了国外高分辨光刻装备技术知识产权壁垒，实现了我国技术源头创新。

二月

星期四

十五

农历甲辰年·正月初六

贰零贰肆

丝绸之路：长安—天山廊道的路网

2014年列入《世界遗产名录》。该路网跨越近5000千米，沿线包括中心城镇遗迹、商贸聚落遗迹、交通及防御遗迹、宗教遗迹和关联遗迹5类代表遗迹，共计33处。其中，中国境内有22处，哈萨克斯坦、吉尔吉斯斯坦境内分别有8处、3处。除了货物和人员的输送之外，丝绸之路也是思想、信仰和技术创新的交流通道，比如与农业和城镇规划相关的知识，改变了城市空间和人们生活的许多基本方面。

二月

星期五

十六

农历甲辰年·正月初七

贰零贰肆

节气养生

春季里最重要的是养肝护肝。春季阳气初生，由于肝气顺应春之生发，故很容易出现口干舌燥、口腔溃烂等情况，也就是俗称的“上火”或称之为“肝火上炎”，应注意多吃新鲜蔬菜、水果，清淡饮食，以补充人体水分。

二月

星期六

十七

农历甲辰年·正月初八

贰零贰肆

二月湖水清
家家春鸟鸣
林花扫更落
径草踏还生

二月

星期日

十八

农历甲辰年·正月初九

贰零贰肆

周而复始

二月

星期一

雨水

十九

农历甲辰年·正月初十

贰零贰肆

中华文明具有突出的统一性。中华文明长期的大一统传统，形成了多元一体、团结集中的统一性。“向内凝聚”的统一性追求，是文明连续的前提，也是文明连续的结果。团结统一是福，分裂动荡是祸，是中国人用血的代价换来的宝贵经验教训。中华文明的统一性，从根本上决定了中华民族各民族文化融为一体、即使遭遇重大挫折也牢固凝聚，决定了国土不可分、国家不可乱、民族不可散、文明不可断的共同信念，决定了国家统一永远是中国核心利益的核心，决定了一个坚强统一的国家是各族人民的命运所系。

二月

星期二

廿日

农历甲辰年·正月十一

贰零贰肆

礼仪制度关乎治国安邦。我国传统的礼制主要包括“五礼”，即吉礼、凶礼、军礼、宾礼、嘉礼。吉礼，为祭祀之礼，即敬奉天地鬼神的典礼，为“五礼”之首。凶礼，为哀悯、吊唁、忧患之礼。军礼，为军事活动之礼，国家重大事件或法令、政策颁行都行军礼。宾礼，为社会交往之礼。嘉礼，为社会日常生活之礼，具体又分为婚礼、冠礼、射礼、飨礼、宴礼、贺庆礼等。

二月

星期三

廿一

农历甲辰年·正月十二

贰零贰肆

极低温区基准级测温装置

极低温区通常指24.5K（−248.5939℃）以下的温度区间，深空探测、可控核聚变装置等50%以上的大科学装置的核心部件都需要在稳定的极低温环境中运行。中国科学院物理技术研究所与法国计量院合作，于2020年成功研制基准级测温装置，在新国际单位（SI）框架下率先实现5K—24.5K（−268.15℃—−248.65℃）温区的热力学测量基准，测温准确度及测量速度均为国际最优。

二月

星期四

廿二

农历甲辰年·正月十三

贰零贰肆

红河哈尼梯田文化景观

2013年列入《世界遗产名录》。位于中国云南省南部，广泛分布在哀牢山区、红河南岸，绵延红河、元阳、绿春、金平四县。梯田从山脚延伸至海拔2000米以上的高山，级数最多可达3700多级。在过去的1300多年里，哈尼族人发明了复杂的沟渠系统，将水从草木丛生的山顶引至各级梯田。他们还创造出一个完整的农作体系，包含水牛、鸭、鱼类等，同时可支持红米的生产。

二月

星期五

廿三

农历甲辰年·正月十四

贰零贰肆

节气养生

本周的周一为雨水节气。雨水节气前后万物复苏、大地回春，但天气忽冷忽热，仍然变化无常、寒中又挟湿，此时养生重在防湿邪、调脾胃。可食用一些党参、山药、薏米熬制而成的粥，对脾胃有很好的滋补作用。

二月

星期六

元宵节

廿四

农历甲辰年·正月十五

贰零贰肆

一径叉分

三亭鼎峙

小园别是清幽

曲阑低槛

春色四时留

二月

星期日

廿五

农历甲辰年·正月十六

贰零贰肆

周而复始

二月

星期一

廿六

农历甲辰年·正月十七

贰零贰肆

中华文明具有突出的包容性。中华文明从来不用单一文化代替多元文化，而是由多元文化汇聚成共同文化，化解冲突，凝聚共识。中华文化认同超越地域乡土、血缘世系、宗教信仰等，把内部差异极大的广土巨族整合成多元一体的中华民族。越包容，就越是得到认同和维护，就越会绵延不断。中华文明的包容性，从根本上决定了中华民族交往交流交融的历史取向，决定了中国各宗教信仰多元并存的和谐格局，决定了中华文化对世界文明兼收并蓄的开放胸怀。

二月

星期二

廿七

农历甲辰年·正月十八

贰零贰肆

礼之大者在国家典章制度，其小者在平民日用居处行习之间。大礼就是国家礼制，小礼即民间礼俗。作为礼制，国家典礼多沿用《周礼》中的“五礼”体例。作为礼俗，逐渐成为家礼，“礼源于俗”，礼俗不分，既包括各种礼仪，又囊括了民间习俗，成为各种礼仪习俗的总称。

二月

星期三

廿八

农历甲辰年·正月十九

贰零贰肆

中国散裂中子源

中国散裂中子源是国家“十一五”期间重点建设的科学装置，于2018年通过国家验收，综合性能达到国际先进水平。其工作原理是将质子加速到0.9倍光速，去轰击重金属靶，重金属靶的原子核被撞击产生中子，射向样品，通过围绕样品的谱仪“收集”被散射的中子，获得样品物质结构的信息，是人类观测物质的“超级显微镜”。

二月

星期四

廿九

农历甲辰年·正月二十

贰零贰肆

元上都遗址

2012年列入《世界遗产名录》。位于内蒙古自治区锡林郭勒盟正蓝旗和多伦县，北依龙岗，南临滦河，面积约250平方千米。由城址（含宫城、皇城、外城）以及城垣外的关厢和城市防洪渠组成，包括城墙、城门、道路、护城河、防洪渠遗迹，以及宫殿、寺庙、民居、仓库等各类建筑基址和墓葬群等。该遗址完整呈现了元代“夏都”的整体格局与营造特色，是中国元代都城系列中创建最早、历史最久、格局独特、保存最完好的遗址。

三月

贰零贰肆

农历甲辰年

三月

星期五

一日

农历甲辰年·正月廿一

贰零贰肆

节气养生

春季阳气生发速度开始快于阴气的速度，肝火也处在了上升的势头，需要适当地释放。万物都在生发时，我们也要时常出门亲近自然，吸收草木萌发的清气，自在地向上生长。所以《菜根谭》里讲春日：“真天地间一妙境也”。

三月

星期六

二日

农历甲辰年·正月廿二

贰零贰肆

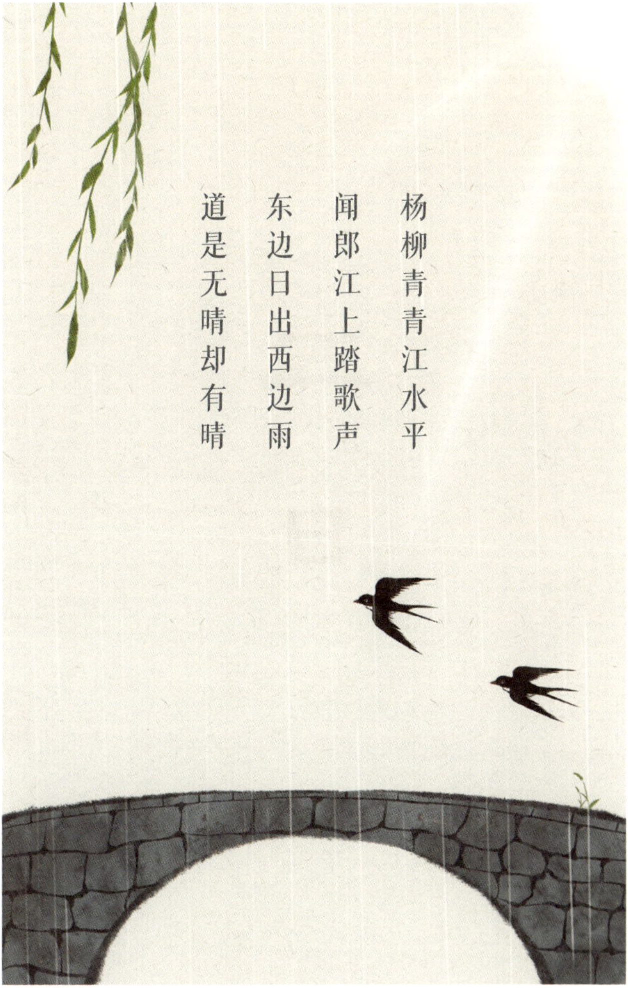

杨柳青青江水平
闻郎江上踏歌声
东边日出西边雨
道是无晴却有晴

三月

星期日

三日

农历甲辰年·正月廿三

贰零贰肆

周而复始

三月

星期一

四日

农历甲辰年·正月廿四

贰零贰肆

中华文明具有突出的和平性。和平、和睦、和谐是中华文明五千多年来一直传承的理念，主张以道德秩序构造一个群己合一的世界，在人己关系中以他人为重。倡导交通成和，反对隔绝闭塞；倡导共生并进，反对强人从己；倡导保合太和，反对丛林法则。中华文明的和平性，从根本上决定了中国始终是世界和平的建设者、全球发展的贡献者、国际秩序的维护者，决定了中国不断追求文明交流互鉴而不搞文化霸权，决定了中国不会把自己的价值观念与政治体制强加于人，决定了中国坚持合作、不搞对抗，决不搞“党同伐异”的小圈子。

三月

星期二

惊蛰

五日

农历甲辰年·正月廿五

贰零贰肆

礼有三本：天地、先祖、君师。礼之三本包括了礼依据的基础和内容用途，有天地才有生命，有先祖才有宗族，有君师才有天下太平。因此敬天地、尊先祖、拜君师，是礼所涵盖的三方面内容。在中国普通百姓的厅堂或神台上，常设有“天地君亲师”的牌位。祭祀或礼仪场合，都会礼拜天地君亲师。

三月

星期三

六日

农历甲辰年·正月廿六

贰零贰肆

大国重器

高能同步辐射光源

高能同步辐射光源是国家重大科技基础设施建设“十三五”规划确定建设的十个重大科技基础设施之一，预计于2025年12月底建成。同步辐射光源是一种人造光，用来观察微观世界。建成后的高能同步辐射光源将是我国第一个四代同步辐射光源，世界上亮度最高的第四代同步辐射光源之一，其空间分辨率将达到纳米级，是我国基础科学和工程科学等领域创新研究的重要支撑平台。

三月

星期四

七日

农历甲辰年·正月廿七

贰零贰肆

昆曲

2008年列入《人类非物质文化遗产代表作名录》(以下简称为非遗名录)。昆曲历史悠久，影响广泛深远，是传统文化的结晶，也是戏曲表演的典范。昆曲又称昆腔、昆山腔、昆剧，是元末明初南戏发展到昆山一带，与当地音乐、歌舞、语言结合而生成的新的声腔剧种。明代初期在昆山地区形成了“昆山腔”，嘉靖年间经过魏良辅等人的革新，昆山腔吸收北曲及海盐腔、弋阳腔的长处，形成委婉细腻、流丽悠长的“水磨调”风格，昆曲至此基本成型。

三月

星期五

妇女节

八日

农历甲辰年·正月廿八

贰零贰肆

节气养生

本周的周二为惊蛰节气。古人讲:“春雷惊百虫”。让虫子醒来的其实并不是雷声，而是快速回温的天气。这时的阳气，有一种“唤醒万物”的能量，源源不断地往上冒，人的五脏六腑都会受到滋养。但同时，惊蛰又是风季里最后一个节气，风邪非常旺盛，与回升的气温相纠缠，身体很容易受到“风温”的伤害。所以惊蛰的养生重点，就是加固卫气。

三月

星期六

九日

农历甲辰年·正月廿九

贰零贰肆

一杯晴雪早茶香
午睡方醒春昼长
拨著通身俱是眼
半窗疏影转斜阳

三月

星期日

十日

农历甲辰年・二月初一

贰零贰肆

周而复始

三月

星期一

龙抬头

十一

农历甲辰年·二月初二

贰零贰肆

中国走上这条道路，跟中国文化密不可分。我们走的中国特色社会主义道路，它内在的基因密码就在这里，有中华优秀传统文化这个基因。所以我们现在就是要理直气壮、很自豪地去做这件事，去挖掘、去结合中华优秀传统文化，真正实现马克思主义中国化时代化。

三月

星期二

植树节

十二

农历甲辰年·二月初三

贰零贰肆

“心正则笔正”是唐代著名书法家柳公权的一句名言，后常被用来表达人品与书法艺术的关系。从书法学习的本身来讲，“心正”是非常重要的。在写字的时候，只有专心致志、沉下心来，书写的每个笔画才能准确而美观。从书法的欣赏和品评角度来看，往往以人品来评定书法水平的高低。比如，宋代的蔡京等，书法技艺虽高，但后世评价的书法地位却不高。

三月

星期三

十三

农历甲辰年·二月初四

贰零贰肆

大国重器

上海软X射线自由电子激光装置

2021年上海软X射线自由电子激光装置实现2.0纳米波长自由电子激光放大出光，在世界上率先实现“水窗”波段全覆盖。“水窗”是指波长在2.3—4.4纳米范围的软X射线波段，在此波段内，水不吸收X射线，但碳元素等构成生命的重要元素仍会与X射线相互作用，因而水窗波段的X射线可用于活体生物细胞显微成像等，具有极其重要的科学应用价值。

三月

星期四

十四

农历甲辰年·二月初五

贰零贰肆

古琴艺术

2008年列入非遗名录。又称“琴”“七弦琴”，别称“绿绮”“丝桐”，主要体现为一种平置弹弦乐器的独奏艺术形式，另外也包括唱弹兼顾的琴歌与琴箫合奏。古琴相传创始于史前传说时代的伏羲氏和神农氏时期。以目前考古发掘的资料为据，古琴作为一件乐器的形制至迟到汉代已经发展完备，其演奏艺术与风格经历代琴人及文人的创造而不断完善，一直延续至今。

三月

星期五

消费者权益日

十五

农历甲辰年·二月初六

贰零贰肆

节气养生

惊蛰节气，多吃滋养阴气的食物，具体如梨、银耳、山药和蜂蜜等。春季主生发，还可多吃辛香、有“生发之气”的食物，如芹菜、香菜、葱花、香菇、生姜以及适量的花椒。春季当令之色为“青”，因此要多食当季的绿色蔬菜，比如菜薹、小白菜、上海青等，此外还可以吃些黑木耳、黑豆、黑芝麻等黑色食品。这些蔬菜都有滋阴补阳之功效。

三月

星期六

十六

农历甲辰年·二月初七

贰零贰肆

阳和二月芳菲遍

暖景溶溶

戏蝶游蜂

深入千花粉艳中

三月

星期日

十七

农历甲辰年·二月初八

贰零贰肆

周而复始

三月

星期一

十八

农历甲辰年·二月初九

贰零贰肆

坚持和发展马克思主义，必须同中华优秀传统文化相结合。只有植根本国、本民族历史文化沃土，马克思主义真理之树才能根深叶茂。中华优秀传统文化源远流长、博大精深，是中华文明的智慧结晶，其中蕴含的天下为公、民为邦本、为政以德、革故鼎新、任人唯贤、天人合一、自强不息、厚德载物、讲信修睦、亲仁善邻等，是中国人民在长期生产生活中积累的宇宙观、天下观、社会观、道德观的重要体现，同科学社会主义价值观主张具有高度契合性。

三月

星期二

十九

农历甲辰年·二月初十

贰零贰肆

中国古代在品评书法的时候，“神、妙、能”三品的品评是最多被认可的品评标准。三品当中，神品是最高等级，是达到了风神与骨气完美结合的作品。唐代张怀瓘在《书断》中按照书体把25人列入了神品，在其所列的书体中实际上只有12人，即史籀、李斯、蔡邕、钟繇、王羲之、王献之、张芝、杜度、崔瑗、索靖、卫瓘、皇象。唐以后也有不少书家进入到这个行列中，比如颜真卿、张旭、怀素，宋代四家等。

农历甲辰年·二月十一

贰零贰肆

廿日

三月

星期三

春分

大连极紫外相干光源

极紫外波段光波长为10—121纳米，极紫外区域光源是探测分子、原子及其外壳层电子结构最重要的光子能量区域。大连极紫外相干光源于2017年正式投入运营，是世界上唯一工作在极紫外波段的自由电子激光用户装置，也是世界上最亮的极紫外光源，被喻为“照亮微观世界的超快超亮极紫外闪光灯”。该设施将有助于提升我国及世界在原子、分子水平上开展重大科学问题研究水平。

三月

星期四

廿一

农历甲辰年·二月十二

贰零贰肆

新疆维吾尔木卡姆艺术

2008年列入非遗名录。新疆维吾尔木卡姆艺术肇始于民间文化，发展于各绿洲城邦国宫廷及都府官邸，经过整合发展，形成了多样性、综合性、完整性、即兴性、大众性的艺术风格。其唱词包括哲人箴言、先知告诫、乡村俚语、民间故事等，既有民间歌谣，又有文人诗作，是维吾尔族人民文化智慧的生动表现。其音乐形态丰富多样，有多种音律，繁复的调式，节拍、节奏和组合形式多样的伴奏乐器，具有鲜明的民族特色和强烈的感染力。

三月

星期五

廿二

农历甲辰年·二月十三

贰零贰肆

节气养生

本周的周三为春分节气。古人写道:“谁把春光,平分一半,最惜今朝”。《春秋繁露》说:“春分者,阴阳相半也,故昼夜均而寒暑平。”春分是春气最旺盛的时候,体内的肝气感应到,也会生发得很快。这都是在提醒:要帮忙疏通肝气了。肝气生发最旺盛的时候,可以刮刮肝经。

三月

星期六

廿三

农历甲辰年·二月十四

贰零贰肆

迟日江山丽
春风花草香
泥融飞燕子
沙暖睡鸳鸯

三月

星期日

廿四

农历甲辰年·二月十五

贰零贰肆

周而复始

三月

星期一

廿五

农历甲辰年·二月十六

贰零贰肆

殷墟出土的甲骨文为我们保存3000年前的文字，把中国信史向上推进了约1000年。殷墟我向往已久，这次来是想更深地学习理解中华文明，古为今用，为更好建设中华民族现代文明提供借鉴。中国的汉文字非常了不起，中华民族的形成和发展离不开汉文字的维系。在这方面，考古事业居功至伟。考古工作要继续重视和加强，继续深化中华文明探源工程。中华文明源远流长，从未中断，塑造了我们伟大的民族，这个民族还会伟大下去的。

三月

星期二

廿六

农历甲辰年·二月十七

贰零贰肆

书法有所谓的书卷气和金石气。书卷气，是一种高雅的气质和风度，是由内而外体现出来的良好素质，这种素质其实就是一种文化的修养和内心的善良。书法的书卷气，主要指的是雅，体现技法之外的一种意趣，体现着作者良好的审美观、正确的世界观。金石气是一种苍茫、浑厚、朴实的美，是刻在金属和石头上的文字或符号，经过历史的洗礼、自然风雨的侵蚀以后，所呈现出来的一种美。从广义上来讲，金石气也是书卷气的一种。

三月

星期三

廿七

农历甲辰年·二月十八

贰零贰肆

大国重器

锦屏地下实验室

位于四川省彝族自治州，是目前世界上最深的地下实验室，垂直岩石覆盖达2400米，预计2024年正式投入使用，是世界上可用空间最大、宇宙线通量最低、综合条件最好的深地研究平台，将为我国暗物质实验、中微子实验、无中微子双贝塔衰变、核天体物理研究、深地医学研究、岩土力学研究等基础物理研究起到极大的推动作用。

三月

星期四

廿八

农历甲辰年·二月十九

贰零贰肆

蒙古族长调民歌

2008年列入非遗名录。蒙古族长调蒙古语称“乌日图道”，意即长歌，其特点为字少腔长、高亢悠远、舒缓自由，宜于叙事，又长于抒情。歌词一般为上下各两句，内容绝大多数是描写草原、骏马、骆驼、牛羊、蓝天、白云、江河、湖泊等。蒙古族长调以鲜明的游牧文化特征和独特的演唱形式讲述着蒙古民族对于历史文化、人文习俗、道德、哲学和艺术的感悟，因此被称为“草原音乐活化石”。

三月

星期五

廿九

农历甲辰年·二月二十

贰零贰肆

节气养生

春分节气，人们常感到困乏无力、昏沉欲睡，早晨醒来也较迟，这就是人们常说的“春困”。这是季节性变化时出现的一种正常的生理现象。欲去春困，应该保证充足睡眠时间，早睡早起，在春光中舒展四肢，呼吸新鲜空气，舒发阳气，以顺应春阳萌生的自然规律。

三月

星期六

卅日

农历甲辰年·二月廿一

贰零贰肆

斗酒渭城边
垆头醉不眠
梨花千树雪
杨叶万条烟

三月

星期日

卅一

农历甲辰年·二月廿二

贰零贰肆

周而复始

四月

贰零贰肆

农历甲辰年

四月

星期一

一日

农历甲辰年·二月廿三

贰零贰肆

中华文明源远流长、博大精深，是中华民族独特的精神标识，是当代中国文化的根基，是维系全世界华人的精神纽带，也是中国文化创新的宝藏。在漫长的历史进程中，中华民族以自强不息的决心和意志，筚路蓝缕，跋山涉水，走过了不同于世界其他文明体的发展历程。要深入了解中华文明五千多年发展史，把中国文明历史研究引向深入，推动全党全社会增强历史自觉、坚定文化自信，坚定不移走中国特色社会主义道路，为全面建设社会主义现代化国家、实现中华民族伟大复兴而团结奋斗。

四月

星期二

二日

农历甲辰年·二月廿四

贰零贰肆

孙过庭在《书谱》中提出“差之毫厘，失之千里”的观点。他说：“一画之间，变起伏于锋杪；一点之内，殊衄挫于毫芒。”在每个笔画中，变化多种多样，它们彼此之间都有联系，存在约定俗成的某种关系，稍有不慎就会有“差之毫厘，失之千里”的结局。要想达到理想的境界，只有加强训练，做到“若运用尽于精熟，规矩谙于胸襟”，方能“自然容与徘徊，意先笔后，潇洒流落，翰逸神飞”。

四月

星期三

寒食节

三日

农历甲辰年·二月廿五

贰零贰肆

大国重器

“慧眼”卫星

“慧眼”硬X射线调制望远镜卫星是我国第一个空间天文卫星，2017年投入使用，是既可以实现宽波段、大视场X射线巡天又能够研究黑洞、中子星等高能天体的短时标光变和宽波段能谱的空间X射线天文望远镜，同时也是具有高灵敏度的伽马射线暴全天监视仪。“慧眼”卫星向全世界天文学家征集观测目标并公开发布观测数据，已成为国际上重要的天体物理研究平台，取得了丰硕的科研成果。

四月

星期四

清明

四日

农历甲辰年·二月廿六

贰零贰肆

中国篆刻

2009年列入非遗名录。中国篆刻艺术是以石材为载体、以汉字为主要表现对象，并由中国古代印章镌刻技艺发展而来的中国特有的传统艺术。古代印章是行使和授受国家机构权力、证明个人身份的凭信物，其制作多由工匠采用金属铸造、凿制而成，距今已有3000多年的历史。公元13世纪之后，艺术家开始选用石材代替金属并亲自动手刻制印章。这一改变，为篆刻艺术的发展提供了广阔空间，从而使之逐渐成为一门独立的艺术门类。

四月

星期五

五日

农历甲辰年·二月廿七

贰零贰肆

节气养生

昨天为清明节气。二十四节气中只有清明既是节气又是节日。桃花初绽，杨柳泛青，莺飞草长，风轻雨润，万物生长。此时，万物皆清洁明净，一派气清景明的春日气象，“清明”由此得名。《岁时百问》里说：“万物生长此时，皆清洁而明净，故谓之清明。”虽然整个春三月都有发陈、顶出污垢的力量，唯独清明，除了“升清”，还能把“降浊”的作用发挥到最大。

四月

星期六

六日

农历甲辰年·二月廿八

贰零贰肆

云淡风轻近午天
傍花随柳过前川
时人不识余心乐
将谓偷闲学少年

四月

星期日

七日

农历甲辰年·二月廿九

贰零贰肆

周而复始

四月

星期一

八日

农历甲辰年·二月三十

贰零贰肆

中华文化历来强调对人的尊重和关怀，孔子的“古之为政，爱人为大”，孟子的“为天下得人者谓之仁”，荀子的人“最为天下贵”，墨子的“兼相爱”，都强调人的自身价值。古人还说:“万物之中，以人为贵。”“济大事者，必以人为本。”“理天下者，以人为本。”

四月

星期二

九日

农历甲辰年·三月初一

贰零贰肆

家训文学约有三类：一为古人诫子书、家诫；二为古人的遗令或遗诫；三为古人生平的自叙。古代家训文字记录包括家诫、家范、家书、家教、家规、家法、家风、家订、家礼、家道和遗训等多种形式；其文学体裁有书信、散文、诗词、楹联、格言、座右铭等。

四月

星期三

十日

农历甲辰年·三月初二

贰零贰肆

“太极一号”卫星

微重力技术实验卫星“太极一号”是中国科学院空间科学（二期）战略性先导科技专项首发卫星，也是我国首颗空间引力波探测技术实验卫星。截至2021年7月，卫星完成了全部预设任务，实现了我国迄今为止最高精度的空间激光干涉测量，成功开展了我国首次在轨无拖曳控制技术试验，在国际上首次实现了微牛级射频离子和双模霍尔电推进技术的在轨验证，为我国开展空间引力波探测奠定了基础。

四月

星期四

十一

农历甲辰年·三月初三

贰零贰肆

中国雕版印刷技艺

2009年列入非遗名录。雕版印刷技艺古称版刻、梓行、雕印等，是指将文字、图像反向雕刻于木板，再于印板上刷墨、铺纸施压，使印板上图文转印于纸张的特殊技艺。雕版印刷是中国古代劳动人民经过长期实践和研究发明的，始于隋代，行于唐代，精于宋人，盛于明清，迄今已有1300多年的历史，比活字印刷技艺早400多年。它开创了人类复印技术的先河，承载的历史文化信息在质和量上有了巨大飞跃，在世界文化传播史上起着重要作用。

四月

星期五

十二

农历甲辰年·三月初四

贰零贰肆

节气养生

清明时节人体内肝气最为旺盛，因此应当多吃“柔肝”的食物。饮食应当以温润、清补为主，不宜过多食用笋、鸡、海鱼等“发物”，可以食山药、菠菜、银耳、大枣等甘温补脾之物。还可以吃一些黄花菜（一定要煮熟或炒熟），这种菜有开胸膈、平肝火，让人心气平和的作用，所以又被称为“忘忧草”。

四月

星期六

十三

农历甲辰年·三月初五

贰零贰肆

黄梅时节家家雨
青草池塘处处蛙
有约不来过夜半
闲敲棋子落灯花

四月

星期日

十四

农历甲辰年·三月初六

贰零贰肆

周而复始

四月

星期一

十五

农历甲辰年·三月初七

贰零贰肆

如果没有中华五千年文明，哪里有什么中国特色？如果不是中国特色，哪有我们今天这么成功的中国特色社会主义道路？我们要特别重视挖掘中华五千年文明中的精华，把弘扬优秀传统文化同马克思主义立场观点方法结合起来，坚定不移走中国特色社会主义道路。

四月

星期二

十六

农历甲辰年·三月初八

贰零贰肆

我国古代家训内容广泛，可以是长辈对子孙、家长对家人、族长对族人的训示教诲，也包括兄弟姊妹间的诫勉、夫妻间的嘱咐。一般来说，家训常常包含修身养性、齐家教子、交友处世、任事用权、读书勉学等内容，族规则多侧重遵纪守法、修身齐家、和睦宗族、孝敬尊长、合乎礼教、祭祀墓葬等，可以面面俱到，也可仅及一端。

四月

星期三

十七

农历甲辰年·三月初九

贰零贰肆

大国重器

地球系统数值模拟装置

地球系统数值模拟装置是我国首个具有自主知识产权，规模及综合技术水平位于世界前列的专用地球系统数值模拟装置。装置用于研究地球系统的大气圈、水圈、冰冻圈、岩石圈、生物圈的相互耦合和演变规律，为国家防灾减灾、应对气候变化、大气环境治理等提供科学支撑；推动地球系统科学不同学科之间的学科交叉和融合，促进我国地球系统科学整体向国际一流水平跨越。

四月

星期四

十八

农历甲辰年·三月初十

贰零贰肆

中国书法

2009年列入非遗名录。中国书法是以笔、墨、纸等为主要工具材料，通过汉字书写，在完成信息交流实用功能的同时，以特有的造型符号和笔墨韵律，融入人们对自然、社会、生命的思考，表现出中国人特有的思维方式、人格精神与性情志趣的一种艺术实践。中国书法伴随着汉字的产生与演变而不断发展，历经3000多年，是一门古老的汉字的书写艺术，已成为中国文化的代表性符号。

四月

星期五

谷雨

十九

农历甲辰年·三月十一

贰零贰肆

节气养生

今天为谷雨节气。谷雨是春季的最后一个节气。此时雨水增多，空气湿度较大，且气温回升。春末夏初，正是采纳自然之气养阳的好时机。走路是有效的运动方式之一，广步于庭，吐故纳新，让筋骨得到舒展，也可选择跑步、打太极拳等运动方式。

四月

星期六

廿日

农历甲辰年·三月十二

贰零贰肆

春山暖日和风
阑干楼阁帘栊
杨柳秋千院中
啼莺舞燕
小桥流水飞红

四月

星期日

廿一

农历甲辰年·三月十三

贰零贰肆

周而复始

四月

星期一

廿二

农历甲辰年·三月十四

贰零贰肆

博大精深的中华文明是中华民族独特的精神标识，是当代中国文艺的根基，也是文艺创新的宝藏。中国文化历来推崇“收百世之阙文，采千载之遗韵”。要挖掘中华优秀传统文化的思想观念、人文精神、道德规范，把艺术创造力和中华文化价值融合起来，把中华美学精神和当代审美追求结合起来，激活中华文化生命力。故步自封、陈陈相因谈不上传承，割断血脉、凭空虚造不能算创新。要把握传承和创新的关系，学古不泥古、破法不悖法，让中华优秀传统文化成为文艺创新的重要源泉。

四月

星期二

世界读书日

廿三

农历甲辰年·三月十五

贰零贰肆

《礼记》载："天子诸侯宗庙之祭，春曰礿，夏曰禘，秋曰尝，冬曰烝。"古人根据季节的变换，进献不同祭品，且有不同象征意义，即通常所说的"四时祭"。后世沿袭四时定祀，名称略有变动。春祭曰祠，不用牺牲，祝词丰富；夏祭曰礿，祭品较少，制作祭品多用煮的方式；秋祭曰尝，秋季谷物初成，献祭祖先品尝；冬祭曰烝，一年之中，冬季进献的祭品最为丰富。

四月

星期三

廿四

农历甲辰年·三月十六

贰零贰肆

子午工程

东半球空间环境地基综合监测子午链（简称子午工程）是我国空间天气领域的国家重大科技基础设施。工程目前已形成沿东经100°、120°和北纬40°、30°“井”字形布局的31个台站、近300台（套）监测设备组成的空间环境监测网络，实现从太阳大气到近地空间的磁场、电场、密度、温度和粒子成分等的全链条、全国覆盖、高时空分辨的监测，为我国航空、航天、航海、通信保障、天气预报、科学研究等提供重要保障和科学支撑。

四月

星期四

廿五

农历甲辰年·三月十七

贰零贰肆

中国剪纸

2009年列入非遗名录。剪纸又称刻纸，是以纸为加工对象，以剪刀（或刻刀）为工具进行创作的一种镂空艺术，中国最古老的民间艺术之一。剪纸在民间流传极广，历史也很悠久，南宋已出现了专业民间剪纸艺人。民间剪纸往往通过谐音、象征、寓意等手法提炼、概括自然形态，构成美丽的图案，在民俗活动中占有重要位置。

四月

星期五

廿六

农历甲辰年·三月十八

贰零贰肆

节气养生

谷雨前后是吃香椿的好时节，这时的香椿口感好，醇香爽口，营养价值高，而且香椿具有提高机体免疫力，健胃、理气、润肤、抗菌消炎等功效。但易过敏人士应注意少食。谷雨时节应注意调畅情绪，少生气，防止暴怒伤肝。应注意盐分的摄入，忌暴饮暴食。

四月

星期六

廿七

农历甲辰年·三月十九

贰零贰肆

竹生空野外
梢云耸百寻
无人赏高节
徒自抱贞心

四月

星期日

廿八

农历甲辰年·三月二十

贰零贰肆

周而复始

四月

星期一

廿九

农历甲辰年·三月廿一

贰零贰肆

自古以来，我国形成了世界法制史上独树一帜的中华法系，积淀了深厚的法律文化。中华法系形成于秦朝，到隋唐时期逐步成熟，《唐律疏议》是代表性的法典，清末以后中华法系影响日渐衰微。与大陆法系、英美法系、伊斯兰法系等不同，中华法系是在我国特定历史条件下形成的，显示了中华民族的伟大创造力和中华法制文明的深厚底蕴。中华法系凝聚了中华民族的精神和智慧，有很多优秀的思想和理念值得我们传承。出礼入刑、隆礼重法的治国策略，民惟邦本、本固邦宁的民本理念，天下无讼、以和为贵的价值追求，德主刑辅、明德慎罚的慎刑思想，援法断罪、罚当其罪的平等观念，保护鳏寡孤独、老幼妇残的恤刑原则，等等，都彰显了中华优秀传统法律文化的智慧。

四月

星期二

卅日

农历甲辰年·三月廿二

贰零贰肆

“三亲九族”中的三亲指夫妇、父子、兄弟，后泛指父族、母族、妻族。北齐颜之推《颜氏家训》写道：“夫有人民而后有夫妇，有夫妇而后有父子，有父子而后有兄弟，一家之亲，此三而已矣！自兹以往，至于九族，皆本于三亲焉。”九族系自高祖以下之九代，即高祖、曾祖、祖父、父亲、己身、儿子、孙子、曾孙、玄孙。《三字经》中有述：“高曾祖，父而身，身而子，子而孙，自子孙，至玄曾，乃九族，人之伦。”

五月

贰零贰肆

农历甲辰年

五月

星期三

国际劳动节

一日

农历甲辰年·三月廿三

贰零贰肆

“九章三号”

2023年10月11日，中国科研团队宣布成功构建量子计算原型机“九章三号”，再度刷新光量子信息技术世界纪录。量子计算是一种遵循量子力学规律调控量子信息单元进行计算的新型计算模式。“九章”则得名于中国古代数学专著《九章算术》。“九章三号”首次实现了对255个光子的操纵能力，极大提升了计算的复杂度。“九章三号”1微秒可算出的最复杂样本，当前全球最快的超级计算机“前沿”约需200亿年。

五月

星期四

二日

农历甲辰年·三月廿四

贰零贰肆

中国传统木结构建筑营造技艺

2009年列入非遗名录。指以木材为主要建筑材料，以榫卯为木构件的主要结合方法，以模数制为尺度设计和加工生产手段的建筑营造技术体系。中国建筑工匠师在几千年的营造过程中积累了丰富的技术工艺经验，在材料的合理选用、结构方式的确定、模数尺寸的权衡与计算、构件的加工与制作、节点及细部处理和施工安装等方面形成了独特与系统的方法或技艺。

五月

星期五

三日

农历甲辰年·三月廿五

贰零贰肆

节气养生

本周日为立夏节气。立夏节气在公元前239年就已经确立了。“夏三月，此谓蕃秀；天地气交，万物华实。”夏天是属火的，人的心火也是最旺的。“春夏养阳”，夏季养阳重在养心。晚上7—9点是血液循环的旺盛时期，可通过拍打心包经或者手臂的肘窝处进行排毒，这样能有效加强心脏的供血能力以及大脑的血液循环。

五月

星期六

五四青年节

四日

农历甲辰年·三月廿六

贰零贰肆

首夏犹清和
芳草亦未歇
水宿淹晨暮
阴霞屡兴没

五月

星期日

立夏

五日

农历甲辰年·三月廿七

贰零贰肆

周而复始

五月

星期一

六日

农历甲辰年·三月廿八

贰零贰肆

考古发现展示了中华文明起源和发展的历史脉络。我国考古发现的重大成就实证了我国百万年的人类史、一万年的文化史、五千多年的文明史。最新考古成果表明，我国是东方人类的故乡，同非洲并列人类起源最早之地；北京猿人在 50 万年前就发明人工用火术，为全球最早之一；早在 1 万年前，我们的先人就种植粟、水稻，农业起源同西亚北非并列第一；我国在乐器、独木舟、水利设施、天文等方面的发明发现也是全球最早或最早者之一。考古成果还说明了中华民族和中华文明多元一体、家国一体的形成发展过程，揭示了中国社会赖以生存发展的价值观和中华民族日用而不觉的文化基因。

五月

星期二

七日

农历甲辰年·三月廿九

贰零贰肆

儒学起源于春秋，西汉中期成为正统思想。先秦时，儒家代表人物有孔子、孟子、荀子、曾子、子思等。两汉时期有今文经学、古文经学、谶纬之学等。汉魏时期，经学有郑玄和王肃之争。唐代编纂《五经正义》统一儒家思想。宋明理学兴起，有濂学（周敦颐）、洛学（程颢、程颐）、关学（张载）、闽学（朱熹）、心学（陆九渊、王阳明）等，以程朱理学、陆王心学为代表。清代有乾嘉学派和实学思潮。

五月

星期三

八日

农历甲辰年·四月初一

贰零贰肆

“墨子号”量子卫星

“墨子号”量子卫星是我国研制的首颗空间量子科学实验卫星，也是全世界第一颗、目前唯一一颗实现星地之间量子保密通信的卫星，其主要科学目标为：进行星地高速量子密钥分发实验，并在此基础上进行广域量子密钥网络实验，以期在空间量子通信实用化方面取得重大突破；在空间尺度进行量子纠缠分发和量子隐形传态实验，开展空间尺度量子力学完备性检验的实验研究。

五月

星期四

九日

农历甲辰年·四月初二

贰零贰肆

南京云锦织造技艺

2009年列入非遗名录。南京云锦是中国传统丝制工艺品，因其色泽光丽灿烂，美如天上云霞而得名。云锦用料考究，织造精细、图案精美、锦纹绚丽多姿。织造云锦的操作难度和技术要求都很高，织制云锦时需由拽花工和织手两人相互配合，用老式的提花木机织造，拽花工坐在织机上层，负责提升经线；织手坐在机下，负责织纬、妆金敷彩，这种工艺至今仍无法用机器替代，因此有“寸金寸锦”之说。

五月

星期五

十日

农历甲辰年·四月初三

贰零贰肆

节气养生

中医认为，夏季五行属火，五味对应为苦味，五脏对应为心。故在饮食方面宜清淡，多补水，多吃易消化、富含维生素的食物，少吃油腻、辛辣及上火的发物，以免造成身体内火过盛，加重胃肠负担，引发痤疮、口腔溃疡、腹胀、便秘等。如果实在没管住嘴，可以适当进食苦瓜、苦菊、苦荞麦等食物，有助于清热泻火。

五月

星期六

十一

农历甲辰年·四月初四

贰零贰肆

何日归家洗客袍
银字笙调
心字香烧
流光容易把人抛
红了樱桃
绿了芭蕉

五月

星期日

母亲节

十二

农历甲辰年·四月初五

贰零贰肆

周而复始

五月

星期一

十三

农历甲辰年·四月初六

贰零贰肆

中华文明是世界上唯一自古延续至今、从未中断的文明。长期以来，中华文明同世界其他文明互通有无、交流借鉴，向世界贡献了深刻的思想体系、丰富的科技文化艺术成果、独特的制度创造，深刻影响了世界文明进程。中国古代农业技术、“四大发明”以及漆器、丝绸、瓷器、生铁和制钢技术、郡县制、科举制等在世界文明史上具有鲜明的独创性。这些重大成就展示了我国在悠久历史进程中为人类文明进步作出的突出贡献，也展示了中华民族以和为贵的和平性格、海纳百川的包容特质、天下一家的大国气度。

五月

星期二

十四

农历甲辰年·四月初七

贰零贰肆

“六艺”，一般指礼、乐、射、御、书、数，是周代教育贵族子弟的六种科目。礼包含礼仪、德行、政治等，乐包含音乐、舞蹈、诗歌等，射是射箭，御是驾车，书是识字，数包含数学、术数等。“六艺”文武并重，德才兼求，注意年龄、学科差异而循序渐进。礼、乐、射、御称大艺，书与数为小艺。

五月

星期三

十五

农历甲辰年·四月初八

贰零贰肆

“天机芯”类脑芯片

“天机芯”是世界首款异构融合类脑芯片，它能够把人工通用智能的两个主要研究方向，即基于计算机科学和基于神经科学这两种方法集成到一个平台，可以同时支持机器学习算法和现有类脑计算算法。2019年8月1日，《自然》科学杂志在封面位置刊发了“天机芯”相关工作，体现了我国在提升芯片设计能力方面的重大进展。

五月

星期四

十六

农历甲辰年·四月初九

贰零贰肆

端午节

2009年列入非遗名录。中国四大传统节日之一。端午文化在世界上影响广泛，世界上一些国家和地区也有庆贺端午的活动。五月的第一个午日，谓端午。端午节，吃粽子，忆屈原，插艾叶，赛龙舟。最初是上古先民以龙舟竞渡形式祭祀龙祖的节日。战国时期，楚国大夫屈原面临亡国之痛，于五月五日怀抱大石投到汨罗江，百姓们十分尊重他，为了不让鱼虾咬食他的尸体，人们纷纷用竹筒装米投入江中，还划着像龙一样的小船驱赶着河里的鱼虾。后来人们亦将端午节作为纪念屈原的节日。

五月

星期五

十七

农历甲辰年·四月初十

贰零贰肆

节气养生

立夏后，昼长夜短，此时应顺应大自然阳盛阴虚的变化，晚睡早起，增加午睡。这里的晚睡是相对于秋冬季入睡时间而言，并不是建议人们熬夜晚睡，而是在保障睡眠时间的前提下，适当地早起。在进入立夏之后，午间适当休息，有助于恢复体力，还可以预防心脑血管疾病的发生。

五月

星期六

十八

农历甲辰年·四月十一

贰零贰肆

紫藤挂云木
花蔓宜阳春
密叶隐歌鸟
香风留美人

五月

星期日

十九

农历甲辰年·四月十二

贰零贰肆

周而复始

五月

廿日

星期一

小满

农历甲辰年·四月十三

贰零贰肆

伟大的古老文明都是相似的。2000 多年前，古代中国、古代希腊的文明之光就在亚欧大陆两端交相辉映。古希腊哲学和文学泰斗辈出的黄金时代，恰恰也是中国“百家争鸣”的思想迸发期。曾两次访问中国的希腊文学巨匠卡赞扎基斯有一句名言，“苏格拉底和孔子是人类的两张面具，面具之下是同一张人类理性的面孔”。古希腊“智者学派”萌发的人本主义思想同中国儒家坚持的“以民为本”理念有异曲同工之妙。第欧根尼同中国道家代表人物庄子倡导类似的生活方式和生活理念。

五月

星期二

廿一

农历甲辰年·四月十四

贰零贰肆

古人特别是士大夫阶层，不仅有名，而且有字。字又称为“表字”，因为它和名相表里。名，旧时是出生三个月后由父亲起的。而字，则是在行冠礼时，由家人请最尊重或最有身份的朋友起的。字往往体现他的德行。一般来说，一个人的字和他的名的意义是相关的，如屈原，名平，字原。名，只有父母等直系亲属和地位比自己高的人称呼，或用于自称；别人称呼时，应该称字。

五月

星期三

廿二

农历甲辰年·四月十五

贰零贰肆

“长征五号”系列运载火箭

“长征五号”系列运载火箭是我国最大推力的大型运载火箭，近地轨道的运载能力达到25吨。作为新一代运载火箭的扛鼎之作，承担了“天宫”空间站建设、“嫦娥五号”探月、火星探测、“东方红五号”地球同步轨道超大型卫星平台等重要航天任务的运载任务，标志着我国火箭运载能力进入国际先进之列，助推我国由航天大国迈向航天强国。

五月

星期四

廿三

农历甲辰年·四月十六

贰零贰肆

中国朝鲜族农乐舞

2009年列入非遗名录。该舞是朝鲜族传统舞蹈之一，俗称“农乐”，是一种融音乐、舞蹈、演唱为一体的反映传统农耕生产生活中祭祀祈福、欢庆丰收的综合性民间表演艺术。流传于吉林、黑龙江、辽宁等朝鲜族聚居区，深受农民喜爱，通常在农事劳动和喜庆节日里进行表演。舞蹈具有生态、纯朴、粗犷、和谐的特征。舞前踩地神祭祀，表达尊重自然、依靠自然的原始信仰。

五月

星期五

廿四

农历甲辰年·四月十七

贰零贰肆

节气养生

本周一为小满节气。节气里有小满而没有大满，这体现了古人对养生和人生的智慧哲思，满招损、谦受益，人生无大满，小满即圆满。小满前后往往雨水较多，湿气就会变重，此时健脾祛湿是关键，常吃具有清利湿热、养阴作用的食物。古人说“夏三月宜食苦，能益心和血通气也”，夏天多吃一些苦菜，可以强身健体和清热去火，有调和五味失衡的作用。

五月

星期六

廿五

农历甲辰年·四月十八

贰零贰肆

南有嘉鱼
烝然罩罩
君子有酒
嘉宾式燕以乐

五月

星期日

廿六

农历甲辰年·四月十九

贰零贰肆

周而复始

五月

星期一

廿七

农历甲辰年·四月二十

贰零贰肆

马克思主义传入中国后，科学社会主义的主张受到中国人民热烈欢迎，并最终扎根中国大地、开花结果，决不是偶然的，而是同我国传承了几千年的优秀历史文化和广大人民日用而不觉的价值观念融通的。马克思对我国古代农民起义提出的具有社会主义因素的革命口号有过敏锐的观察。他说，“中国社会主义之于欧洲社会主义，也许就像中国哲学与黑格尔哲学一样”。

五月

星期二

廿八

农历甲辰年·四月廿一

贰零贰肆

号，这是中国古代人于名、字之外的自称，也叫别称、别字、别号，简称号。《周礼·春官·大祝》：“号，谓尊其名，更为美称焉。”古人祭祀时崇尚文雅，对祭祀涉及的事物，不用其本名，而以美称代替，叫作“号”，后来成为一种雅称。号多为自己所起，亦有他人所起，与名、字无必然联系，且可以有多个。如李白号青莲居士；白居易号香山居士；苏轼号铁冠道人、东坡居士。

五月

星期三

廿九

农历甲辰年·四月廿二

贰零贰肆

大国重器

中国空间站

“天宫”空间站是我国规模最大的空间综合性研究实验平台，具有世界先进水平的国家太空实验室。2021年4月29日，“长征五号B”遥二运载火箭成功将“天和”核心舱送入预定轨道，拉开了我国空间站建设大幕；2022年，“问天”“梦天”实验舱先后与“天和”成功对接，中国空间站的三舱主体结构就此组装完成。目前“天宫”空间站已实现航天员进驻和多项重大科研项目在轨实验。

五月

星期四

卅日

农历甲辰年·四月廿三

贰零贰肆

格萨（斯）尔

2009年列入非遗名录。格萨（斯）尔是一种传统的地方民间文学，广泛流传于中国西藏、青海、甘肃、四川、云南、内蒙古和新疆等地区。它以雄狮国王格萨（斯）尔为主人公，描绘了他英勇无畏，领导军队南征北战，征服妖魔，锄强扶弱，帮助人民创造和平幸福生活，最终回归天国的故事。格萨（斯）尔史诗融合神话、传统民歌、格言俚语等多种元素，形成了雄壮、多姿多彩的艺术风格。

五月

星期五

卅一

农历甲辰年·四月廿四

贰零贰肆

节气养生

明代著名养生学家高濂在其所著的《遵生八笺》中记载了“小满四月坐功”，具体方法为：晨七时，正坐，一手手心向上用力托举，一手手心向下用力下按，各三至五次，然后牙齿叩动三十六次，调息吐纳，津液咽入九次。也可以常做八段锦里的“调理脾胃须单举”一式。

六月

贰零贰肆

农历甲辰年

六月

星期六

儿童节

一日

农历甲辰年·四月廿五

贰零贰肆

青苔满地初晴后
绿树无人昼梦余
唯有南风旧相识
偷开门户又翻书

六月

星期日

二日

农历甲辰年·四月廿六

贰零贰肆

周而复始

六月

星期一

三日

农历甲辰年·四月廿七

贰零贰肆

中国特色社会主义制度和国家治理体系具有深厚的历史底蕴。在几千年的历史演进中，中华民族创造了灿烂的古代文明，形成了关于国家制度和国家治理的丰富思想，包括大道之行、天下为公的大同理想，六合同风、四海一家的大一统传统，德主刑辅、以德化人的德治主张，民贵君轻、政在养民的民本思想，等贵贱均贫富、损有余补不足的平等观念，法不阿贵、绳不挠曲的正义追求，孝悌忠信、礼义廉耻的道德操守，任人唯贤、选贤与能的用人标准，周虽旧邦、其命维新的改革精神，亲仁善邻、协和万邦的外交之道，以和为贵、好战必亡的和平理念，等等。这些思想中的精华是中华优秀传统文化的重要组成部分，也是中华民族精神的重要内容。

六月

星期二

四日

农历甲辰年·四月廿八

贰零贰肆

“三纲八目”，是《大学》里所提出的。明明德、亲民、止于至善，即所谓的“三纲领”；格物、致知、诚意、正心、修身、齐家、治国、平天下，即所谓“八条目”，是实现“三纲领”的具体步骤。在“八条目”中，修身是中心环节，格物、致知是修身的外部途径，诚意、正心是修身的内在前提，齐家、治国、平天下是修身的自我实现和奋斗目标。

六月

星期三

芒种

五日

农历甲辰年·四月廿九

贰零贰肆

大国重器

“嫦娥五号”探测器

“嫦娥五号”探测器是我国首个实施无人月面取样返回的月球探测器，2020 年 11 月 24 日由长征五号运载火箭送入预定轨道，2020 年 12 月 17 日为我国带回月球的第一抔土，至此，自 2004 年开始的探月工程“三步走”战略“绕、落、回”圆满完成。“嫦娥五号”任务是我国航天最复杂、难度最大的任务之一，首次实现了人类在月球轨道的无人交会对接，为我国后续火星采样、载人登月等提供重要技术支撑。

六月

星期四

六日

农历甲辰年·五月初一

贰零贰肆

侗族大歌

2009年列入非遗名录。侗族大歌，侗语称“嘎老”或“嘎玛”，意为声音洪大的歌。它是流传在中国侗族地区的一种古老的民间歌唱艺术，由原始宗教歌、宗教仪式歌、歌舞音乐、民歌等四部分组成。其和声完美，节奏自由，旋律古朴优雅，不仅具有重要的历史、音乐、艺术、文学等价值，还具有重要的社会价值。作为多声部民间歌曲，侗族大歌在其多声思维、多声形态、合唱技艺、文化内涵等方面都举世罕见。

六月

星期五

七日

农历甲辰年·五月初二

贰零贰肆

节气养生

本周三为芒种节气。此时为阳气最盛的仲夏，人体内的心火会呼呼往上冒。心火正常的运行方式是往下的，才能与下半身的肾水相交，彼此融合。此时最重要，一是降心火，二是清理湿热，在保证身体气机通畅的前提下，让烦闷的心情有一个可以疏散的通道。俗话说“芒种夏至天，走路要人牵”，因天气潮湿闷热，易觉四肢困倦，精神萎靡，应继续重视养脾祛湿。

六月

星期六

八日

农历甲辰年·五月初三

贰零贰肆

芒种看今日
螗螂应节生
彤云高下影
鷃鸟往来声

六月

星期日

九日

农历甲辰年·五月初四

贰零贰肆

周而复始

六月

星期一

端午节

十日

农历甲辰年·五月初五

贰零贰肆

我们灿烂的文化是各民族共同创造的。中华文化是各民族文化的集大成。我国各民族创作了诗经、楚辞、汉赋、唐诗、宋词、元曲、明清小说等伟大作品，传承了格萨尔王、玛纳斯、江格尔等震撼人心的伟大史诗，建设了万里长城、都江堰、大运河、故宫、布达拉宫、坎儿井等伟大工程。中华文化之所以如此精彩纷呈、博大精深，就在于它兼收并蓄的包容特性。展开历史长卷，从赵武灵王胡服骑射，到北魏孝文帝汉化改革；从“洛阳家家学胡乐”到“万里羌人尽汉歌”；从边疆民族习用“上衣下裳”、“雅歌儒服”，到中原盛行“上衣下裤”、胡衣胡帽，以及今天随处可见的舞狮、胡琴、旗袍等，展现了各民族文化的互鉴融通。各族文化交相辉映，中华文化历久弥新，这是今天我们强大文化自信的根源。

六月

星期二

十一

农历甲辰年·五月初六

贰零贰肆

《周礼》相传是周公“制礼作乐”的记录，原名《周官》。《周礼》记载属于周代的各类名物、典章、制度，如邦国建制、宗教祭祀、礼乐兵刑、赋税度支、农商医卜等，堪称上古制度史与文化史之宝库，含有丰富的治国思想和制度典范。后世许多政治家和改革家建章立制的思想资源和制度模型，均以《周礼》为依据，如三省六部制、“前朝后寝，左祖右社”的都城格局、王安石变法、太平天国官制等。

六月

星期三

十二

农历甲辰年·五月初七

贰零贰肆

大国重器

“天问一号”与“祝融号”

2021 年 5 月 15 日，我国首次火星探测任务“天问一号”着陆器成功在火星预选区域着陆，8 天后，“祝融号”火星车驶离着陆器，开启巡视探测工作，标志着我国正式成为继美国之后第二个实现火星巡视的国家，也标志着我国成为人类首个一次性实现火星表面“绕、着、巡”三大目标的国家。

六月

星期四

十三

农历甲辰年·五月初八

贰零贰肆

“花儿”

2009年列入非遗名录。“花儿”是流传在甘肃、青海、宁夏三省（区）的汉、回、东乡、保安、撒拉等多民族共创共享的民歌，因歌词中把女性比喻为花朵而得名。“花儿”用汉语演唱，在音乐上受羌、汉、土各民族传统音乐的影响。“花儿”是诗和音乐结合的实体，有自己鲜明的特色、优美的曲调旋律、别具一格的演唱形式。其内容丰富多彩，形式自由活泼，语言生动形象，曲调高昂优美，被誉为“大西北之魂”“活着的诗经”。

六月

星期五

十四

农历甲辰年·五月初九

贰零贰肆

节气养生

芒种时节，对应乾卦，天地之间阳气升浮，人体阳气亦宣散于外。阳散于外则内阳不足，中阳易虚。扶养中阳，可以经常吃些酸味的食品，饮食当温，忌食寒凉，以防伤损中阳。中午休息半小时，使阳气在最旺时稍有收敛。适当户外运动，使汗出透，有利于机体阴阳协调平衡。温灸足三里、关元以补中阳。

六月

星期六

十五

农历甲辰年·五月初十

贰零贰肆

门前艾蒲青翠
天淡纸鸢舞
粽叶香飘十里
对酒携樽俎

六月

星期日

父亲节

十六

农历甲辰年·五月十一

贰零贰肆

周而复始

六月

星期一

十七

农历甲辰年·五月十二

贰零贰肆

千百年来，奔腾不息的黄河同长江一起，哺育着中华民族，孕育了中华文明。早在上古时期，炎黄二帝的传说就产生于此。在我国 5000 多年文明史上，黄河流域有 3000 多年是全国政治、经济、文化中心，孕育了河湟文化、河洛文化、关中文化、齐鲁文化等，分布有郑州、西安、洛阳、开封等古都，诞生了“四大发明”和《诗经》、《老子》、《史记》等经典著作。九曲黄河，奔腾向前，以百折不挠的磅礴气势塑造了中华民族自强不息的民族品格，是中华民族坚定文化自信的重要根基。

六月

星期二

十八

农历甲辰年·五月十三

贰零贰肆

“益者三友，损者三友。”这是《论语》里对有益朋友和有害朋友作出的区分。“友直，友谅，友多闻，益矣。友便辟，友善柔，友便佞，损矣。”有益的朋友有三种，有害的朋友有三种。与正直的人交朋友，与诚信的人交朋友，与知识广博的人交朋友，是有益的。与谄媚逢迎的人交朋友，与表面奉承而背后诽谤的人交朋友，与善于花言巧语的人交朋友，是有害的。

六月

星期三

十九

农历甲辰年·五月十四

贰零贰肆

大国重器

“蛟龙号”载人潜水器

“蛟龙号”载人潜水器是我国首台自主设计、自主集成研制的作业型深海载人潜水器，设计最大下潜深度为7000米级。2012年6月，7位“蛟龙人”乘坐“蛟龙号”在马里亚纳海沟创造了7062米载人深潜纪录，也是世界同类作业型潜水器最大下潜深度纪录。“蛟龙号”可在占世界海洋面积99.8%的广阔海域中使用，对于我国开发利用深海的资源有着重要的意义。

六月

星期四

廿日

农历甲辰年·五月十五

贰零贰肆

玛纳斯

2009年列入非遗名录。玛纳斯，是新疆克孜勒苏柯尔克孜自治州地方传统民间文学的杰出代表，在中国主要流传于我国新疆维吾尔自治区南部。这部史诗作品生动描绘了英雄玛纳斯及其七代子孙率领柯尔克孜人民前仆后继，奋勇抵抗外来侵略者和邪恶势力，与之展开激烈斗争的故事。该史诗融合了神秘的传说、宏伟的战争场面和深刻的人物情感。

六月

星期五

夏至

廿一

农历甲辰年·五月十六

贰零贰肆

节气养生

今天为夏至节气，一年里阳气最旺的日子。夏至是盛夏的起点，俗话说“夏至不过不热”，夏至的到来代表着炎热将至，这是一年中最难熬的暑热关。夏至为天地之间阳极转阴之时，夏季阳气盛于外，从夏至开始，阳极阴生，阴气居于内。因此这个时节养生要顺应自然阴阳交替之势，注意保护阳气。要注意尽量少吃生冷食物。

六月

星期六

廿二

农历甲辰年·五月十七

贰零贰肆

锦鸟雀呼晴
侵晓窥檐语
叶上初阳干宿雨
水面清圆
一一风荷举

六月

星期日

廿三

农历甲辰年·五月十八

贰零贰肆

周而复始

六月

星期一

廿四

农历甲辰年·五月十九

贰零贰肆

中华文明是在同其他文明不断交流互鉴中形成的开放体系。从历史上的佛教东传、"伊儒会通"，到近代以来的"西学东渐"、新文化运动、马克思主义和社会主义思想传入中国，再到改革开放以来全方位对外开放，中华文明始终在兼收并蓄中历久弥新。亲仁善邻、协和万邦是中华文明一贯的处世之道，惠民利民、安民富民是中华文明鲜明的价值导向，革故鼎新、与时俱进是中华文明永恒的精神气质，道法自然、天人合一是中华文明内在的生存理念。

六月

星期二

廿五

农历甲辰年·五月二十

贰零贰肆

“人心惟危，道心惟微；惟精惟一，允执厥中。”“十六字心传”出自《尚书·大禹谟》。“人心惟危”，人心不可倚靠、欲望太多、潜藏危险。“道心惟微”，道心非常微妙，难言难求。“惟精惟一”，领悟道心要精益求精、专一其心。“允执厥中”就是要不偏不倚，持守中庸之道。这“十六字心传”，被宋儒看作说尧、舜、禹三圣道统的真传，是个人道德修养和圣人治理天下的要诀。

六月

星期三

廿六

农历甲辰年·五月廿一

贰零贰肆

大国重器

“奋斗者”号全海深载人潜水器

“奋斗者”号全海深载人潜水器是中国“十三五”国家重点研发计划“深海关键技术与装备”重点专项的核心科研任务。2020年11月10日，“奋斗者”号载人潜水器在西太平洋马里亚纳海沟成功坐底，创造了10909米的中国载人深潜纪录，意味着我国自主研发设计的潜水器具备可以抵达海洋中任何深度的能力，是我国在大深度载人深潜领域达到世界领先水平的重要标志。

六月

星期四

廿七

农历甲辰年·五月廿二

贰零贰肆

妈祖信俗

2009年列入非遗名录。妈祖信俗是指妈祖信仰习俗，又称神女信俗、灵女信俗等，是流传于中国沿海地区的民间信仰，也是历代航海船工、海员、旅客、商人和渔民共同信奉的神祇。妈祖信俗是以崇奉和颂扬妈祖的立德、行善、大爱精神为核心，以妈祖宫庙为主要活动场所，以庙会、习俗和传说等为表现形式的中国传统民俗文化，由祭祀仪式、民间习俗和故事传说三大系列组成。福建莆田湄洲岛是妈祖祖庙所在地。

六月

星期五

廿八

农历甲辰年·五月廿三

贰零贰肆

节气养生

夏至节气，天气时而炎热、时而闷热、时而湿热，人的情绪难免会受到影响，很容易出现心烦躁怒、焦躁不安、情绪起伏大等情绪变化。心静自然凉，嵇康在《养生论》中提到“更宜调息静心，常如冰雪在心，炎热亦于吾心少减，不可以热为热，更生热矣。”

六月

星期六

廿九

农历甲辰年·五月廿四

贰零贰肆

田田八九叶
散点绿池初
嫩碧才平水
圆阴已蔽鱼

六月

星期日

卅日

农历甲辰年·五月廿五

贰零贰肆

周而复始

七月

贰零贰肆

农历甲辰年

七月

星期一

建党节

一日

农历甲辰年·五月廿六

贰零贰肆

坚持党对意识形态工作的领导权，坚持思想工作“两个巩固”的根本任务，坚持用新时代中国特色社会主义思想武装全党、教育人民，坚持培育和践行社会主义核心价值观，坚持文化自信是更基础、更广泛、更深厚的自信，是更基本、更深沉、更持久的力量，坚持提高新闻舆论传播力、引导力、影响力、公信力，坚持以人民为中心的创作导向，坚持营造风清气正的网络空间，坚持讲好中国故事、传播好中国声音。

七月

星期二

二日

农历甲辰年·五月廿七

贰零贰肆

五伦，即古人所谓君臣、父子、兄弟、夫妇、朋友五种人伦关系。用忠、孝、悌、忍、善为“五伦”关系准则。孟子认为：君臣之间有礼义之道，故应忠；父子之间有尊卑之序，故应孝；兄弟手足之间乃骨肉至亲，故应悌；夫妻之间挚爱而又内外有别，故应忍；朋友之间有诚信之德，故应善。这是处理人与人之间伦理关系的道理和行为准则。

七月

星期三

三日

农历甲辰年·五月廿八

贰零贰肆

大国重器

智能铸锻铣短流程绿色复合制造机床

“智能微铸锻铣复合制造”是基于计算机控制，在3D打印过程中把金属铸造、锻压技术合二为一，并大幅提高零件强度和韧性，降低加工难度，高效率、低成本，在一台设备上铸锻铣合一制造出金属锻件的先进技术。2021年7月全新一代智能铸锻铣短流程绿色复合制造机床建成投运，该设备属于我国首超西方的“微型边铸边锻”的颠覆性原始创新。

七月

星期四

四日

农历甲辰年·五月廿九

贰零贰肆

蒙古族呼麦歌唱艺术

2009年列入非遗名录。呼麦，是一种歌唱艺术，它与草原狩猎文化相伴而生，有着两千多年的历史，被誉为“蒙古族民间音乐的活化石”。歌者运用独特的发声技巧，能够在同一时间里同时唱出两个声部，形成鲜明的和音效果。蒙古族人在呼麦的歌声中表达了对自然、生活和情感的独特理解和感受。其内容包括赞美英雄、讴歌草原、抒发情感等方面，以及对生活的感悟和对未来的展望等。

七月

星期五

五日

农历甲辰年·五月三十

贰零贰肆

节气养生

明天为小暑节气。“倏忽温风至，因循小暑来。”夏季致病邪气以暑邪为主，系火热之气所化，其性炎热；暑多夹湿，出现肢体困重、头目昏沉等湿热症状。饮食上可以适当进食清热燥湿的食物，如西瓜、黄瓜、丝瓜、苦瓜等，用荷叶、薏苡仁代替茶叶冲饮也可以为烦热的夏天带来一丝清凉。

七月

星期六

小暑

六日

农历甲辰年·六月初一

贰零贰肆

荷叶罗裙一色裁
芙蓉向脸两边开
乱入池中看不见
闻歌始觉有人来

七月

星期日

七日

农历甲辰年·六月初二

贰零贰肆

周而复始

七月

星期一

八日

农历甲辰年·六月初三

贰零贰肆

中国人民是具有伟大创造精神的人民。在几千年历史长河中，中国人民始终辛勤劳作、发明创造，我国产生了老子、孔子、庄子、孟子、墨子、孙子、韩非子等闻名于世的伟大思想巨匠，发明了造纸术、火药、印刷术、指南针等深刻影响人类文明进程的伟大科技成果，创作了诗经、楚辞、汉赋、唐诗、宋词、元曲、明清小说等伟大文艺作品，传承了格萨尔王、玛纳斯、江格尔等震撼人心的伟大史诗，建设了万里长城、都江堰、大运河、故宫、布达拉宫等气势恢弘的伟大工程。

七月

星期二

九日

农历甲辰年·六月初四

贰零贰肆

四维——礼、义、廉、耻。礼定贵贱尊卑，义为行动准绳，廉为廉洁方正，耻为有知耻之心。“礼义廉耻”又被称为“国之四维”，指治国的纲纪准则。《管子·牧民》：“国有四维，一维绝则倾，二维绝则危，三维绝则覆，四维绝则灭。倾可正也，危可安也，覆可起也，灭不可复错也。”

七月

星期三

十日

农历甲辰年·六月初五

贰零贰肆

JF-22 超高速风洞

JF-22 超高速风洞是国家自然科学基金委员会主导的国家重大科研仪器项目，是对应领域规模最大、性能最先进的激波风洞，使我国成为高超声速领域唯一具备覆盖全部“飞行走廊”实验能力的国家。JF-22 超高速风洞覆盖了从航天到航空一直到探测器的整个范畴，其各项性能指标国际领先，为我国的空天往返系统以及超高声速飞行器研制提供了有力支撑。

七月

星期四

十一

农历甲辰年·六月初六

贰零贰肆

南音

2009年列入非遗名录。也称“弦管”“泉州南音”，福建省闽南地区的传统音乐，是集唱、奏于一体的表演艺术，发源于福建泉州，用闽南语演唱，是中国历史悠久的古汉族音乐。其唱法保留了唐代以前传统古老的民族唱法，音乐形式主要分为“指”“谱”“曲”三大类，是中国现存最古老的乐种之一，有“中国音乐史上的活化石”之称。

七月

星期五

十二

农历甲辰年·六月初七

贰零贰肆

节气养生

夏季适当运动促排汗是养心的关键，无论是在疾病预防，还是在疾病治疗（如冬病夏治）上，它都起到了重要作用。人体五脏的心相应于夏，“心者，汗为之液”，适量的出汗可以帮助人体排出代谢废物、降低体温，大量出汗却会造成伤津耗气、损及心阴，所以夏季不宜剧烈运动，运动后应及时补充水分，防止体液流失过多。

七月

星期六

十三

农历甲辰年·六月初八

贰零贰肆

窗间梅熟落蒂
墙下笋成出林
连雨不知春去
一晴方觉夏深

七月

星期日

十四

农历甲辰年·六月初九

贰零贰肆

周而复始

七月

星期一

十五

农历甲辰年·六月初十

贰零贰肆

古人所说的“先天下之忧而忧，后天下之乐而乐”的政治抱负，“位卑未敢忘忧国”、“苟利国家生死以，岂因祸福避趋之”的报国情怀，“富贵不能淫，贫贱不能移，威武不能屈”的浩然正气，“人生自古谁无死，留取丹心照汗青”、“鞠躬尽瘁，死而后已”的献身精神等，都体现了中华民族的优秀传统文化和民族精神，我们都应该继承和发扬。

农历甲辰年·六月十一

贰零贰肆

十六

七月

星期二

八德——孝、悌、忠、信、礼、义、廉、耻。春秋时期的管子提出了“礼、义、廉、耻”四维，孟子也有“仁、义、礼、智”四端之说。至宋代，人们对儒学与社会改良的认识更为清晰，后来，人们将“孝、悌、忠、信、礼、义、廉、耻”连用，是谓“八德”。

七月

星期三

十七

农历甲辰年·六月十二

贰零贰肆

全球二氧化碳监测科学实验卫星

2016 年 12 月 22 日，中国研制的全球二氧化碳监测科学实验卫星（以下简称“碳卫星”）发射升空。卫星搭载了我国自主研发的高光谱与高空间分辨率二氧化碳探测仪、多谱段云与气溶胶探测仪等探测设备。基于中国“碳卫星”的大气二氧化碳含量观测数据，2021 年 8 月，研究人员利用先进的碳通量计算系统，获取中国“碳卫星”首个全球碳通量数据集，标志着我国具备了全球碳收支的空间定量监测能力。

七月

星期四

十八

农历甲辰年·六月十三

贰零贰肆

热贡艺术

2009年列入非遗名录。热贡艺术发祥于青海省同仁市地区，是雪域文化和中原佛教艺术完美结合成的一种独特的艺术形式，是藏传佛教艺术中的一个重要流派。热贡艺术主要涵盖唐卡、壁画、堆绣和雕塑等多种艺术形式，为藏族文化传承与表现提供了丰富的载体。其核心内容主要以藏传佛教中的佛本生故事、藏族历史人物、神话传说和史诗等为题材，以其独特的艺术风格和形式将这些文化元素生动地呈现在绘画和雕塑之中。

七月

星期五

十九

农历甲辰年·六月十四

贰零贰肆

节气养生

本周一入伏，正式进入三伏天。三伏天养阳之事，最早有《内经》中的“春夏养阳”的养生法则，《汉书·郊祀志注》中也曾有述“伏者，谓阴气将起，迫于残阳而未得升。故为藏伏，因名伏日”。三伏天是一年中最热的时候，也是人体阳气最盛之时，体内最为虚寒，阴湿亦外泄，在三伏天里人为调和，补阳散寒除邪，可以缓解冬季的易发病，守护身体健康。故曰冬病夏治。

七月

星期六

廿日

农历甲辰年·六月十五

贰零贰肆

柳外轻雷池上雨

雨声滴碎荷声

小楼西角断虹明

阑干倚处

待得月华生

七月

星期日

廿一

农历甲辰年·六月十六

贰零贰肆

周而复始

七月

星期一

大暑

廿二

农历甲辰年·六月十七

贰零贰肆

中华文明根植于农耕文明。从中国特色的农事节气，到大道自然、天人合一的生态伦理；从各具特色的宅院村落，到巧夺天工的农业景观；从乡土气息的节庆活动，到丰富多彩的民间艺术；从耕读传家、父慈子孝的祖传家训，到邻里守望、诚信重礼的乡风民俗，等等，都是中华文化的鲜明标签，都承载着华夏文明生生不息的基因密码，彰显着中华民族的思想智慧和精神追求。

七月

星期二

廿三

农历甲辰年·六月十八

贰零贰肆

“君子三乐”，出自《孟子·尽心上》，指君子的三种人生乐趣：父母健在，兄弟没有灾病事故，得以躬行孝悌，这是第一乐；为人处世合乎道义，上不愧对天，下不羞对人，内心安宁，这是第二乐；第三乐是君子传道育人的快乐，即能得到天下的优秀人才并进行教育，使君子之道遍传天下、造福社会。

七月

星期三

廿四

农历甲辰年·六月十九

贰零贰肆

“张衡一号”电磁监测试验卫星

“张衡一号”电磁监测试验卫星是我国首颗地球物理探测卫星，2018年2月发射升空并交付使用。“张衡一号”通过获取全球电磁场、电离层等离子体、高能粒子观测数据，对我国及其周边区域开展电离层动态实时监测和地震前兆跟踪，为地震机理研究、空间环境监测和地球系统科学研究提供新的技术手段，为空间物理和地球物理研究提供重要数据支持。

七月

星期四

廿五

农历甲辰年·六月二十

贰零贰肆

中国传统桑蚕丝织技艺

2009年列入非遗名录。这是一项卓越的手工艺术，融合了栽桑、养蚕、缫丝、染色和丝织等多个环节，流传于浙江北部和江苏南部的太湖流域（包括杭州、嘉兴、湖州和苏州等市）以及四川成都等地。这项技艺承载了5000多年的历史积淀，不仅仅是一种手工艺术，更是中华民族历史文化的重要见证。通过丝绸之路，中国的丝绸文化向世界传播，与各国文明进行了深刻交流，产生了深远影响。

七月

星期五

廿六

农历甲辰年·六月廿一

贰零贰肆

节气养生

本周一为大暑节气，昨天进入中伏。“大者，乃炎热之极也”，此时，万物丰茂，地表的热量达到顶峰，成为一年中最热的时节。但越热的时候，越要保护好自己，尤其是要小心阴暑。《景岳全书》讲它“暑月受寒，即伤寒也”，是身体受凉后出现的“暑气”，可以理解为“空调病”。特别是坐办公室长期伏案，更容易造成肩颈不适，可以适当对大椎穴进行按压、艾灸等。

七月

星期六

廿七

农历甲辰年·六月廿二

贰零贰肆

若问闲情都几许
一川烟草
满城风絮
梅子黄时雨

七月

星期日

廿八

农历甲辰年·六月廿三

贰零贰肆

周而复始

七月

星期一

廿九

农历甲辰年·六月廿四

贰零贰肆

中华民族历来重视家庭。正所谓“天下之本在家”。尊老爱幼、妻贤夫安，母慈子孝、兄友弟恭，耕读传家、勤俭持家，知书达礼、遵纪守法，家和万事兴等中华民族传统家庭美德，铭记在中国人的心灵中，融入中国人的血脉中，是支撑中华民族生生不息、薪火相传的重要精神力量，是家庭文明建设的宝贵精神财富。

七月

星期二

卅日

农历甲辰年·六月廿五

贰零贰肆

儒家典籍可分为今文经和古文经。今文经是以秦汉通行的隶书记载的儒家典籍，古文经是秦统一前用六国古文字记载的儒家经书。秦始皇焚书坑儒，典籍散佚，西汉朝廷访求老儒，用通行的隶书将口耳相传的经典记录成书，称今文经。始皇焚书期间，儒生将经书埋藏起来，汉代陆续出土，如武帝时鲁恭王从孔子故宅壁间发现了古文经籍。

七月

星期三

卅一

农历甲辰年·六月廿六

贰零贰肆

大国重器

高分五号卫星

高分五号卫星是世界上第一颗兼顾陆表观测和大气观测的全光谱段高光谱卫星，也是我国高分专项中一颗重要的科研卫星。它填补了国产卫星无法有效探测区域大气污染气体的空白，可满足环境综合监测等方面的迫切需求，是我国实现高光谱分辨率对地观测能力的重要标志。此外，高分五号还可用于地质找矿、土地利用监测、地表温度监测、农作物长势监测、林业调查、水质监测等行业领域。

八月

贰零贰肆

农历甲辰年

八月

星期四

建军节

一日

农历甲辰年·六月廿七

贰零贰肆

藏戏

2009年列入非遗名录。藏戏，又称“阿吉拉姆”（在西藏自治区）、“南木特”（在青海省），由青海、西藏两地艺人结合当地藏族民间音乐、舞蹈、宗教音乐、民间传说等方面创造而成。藏戏的起源融合了多个方面的元素，主要包括民间歌舞、民间说唱艺术、宗教仪式与宗教艺术。这些元素在藏戏中相互交融，形成了一种集神话、传说、民歌、舞蹈、说唱、杂技等多种艺术形式于一体的戏剧形式。

八月

星期五

二日

农历甲辰年·六月廿八

贰零贰肆

节气养生

大暑天热气蒸腾，夹有湿气，此时饮食宜清淡，各种汤粥最养人，绿豆粥、小米粥等能够补充水分且易于消化，有理气健脾、清热解暑的作用。需要注意的是，夏季的饮食“清淡”并非绝对要少盐，因为夏季身体出汗多，盐分丢失快，所以做菜时可适量加盐。对于有“上火”困扰的，可以适当增加一些天然苦味食品。

八月

星期六

三日

农历甲辰年·六月廿九

贰零贰肆

黄鹤断矶头
故人今在否
旧江山浑是新愁
欲买桂花同载酒
终不似 少年游

八月

星期日

四日

农历甲辰年·七月初一

贰零贰肆

周而复始

八月

星期一

五日

农历甲辰年·七月初二

贰零贰肆

中华文明历史悠久，从先秦子学、两汉经学、魏晋玄学，到隋唐佛学、儒释道合流、宋明理学，经历了数个学术思想繁荣时期。在漫漫历史长河中，中华民族产生了儒、释、道、墨、名、法、阴阳、农、杂、兵等各家学说，涌现了老子、孔子、庄子、孟子、荀子、韩非子、董仲舒、王充、何晏、王弼、韩愈、周敦颐、程颢、程颐、朱熹、陆九渊、王守仁、李贽、黄宗羲、顾炎武、王夫之、康有为、梁启超、孙中山、鲁迅等一大批思想大家，留下了浩如烟海的文化遗产。

八月

星期二

六日

农历甲辰年·七月初三

贰零贰肆

北京“九坛八庙”，九坛指的是社稷坛、天坛、地坛、祈谷坛、朝日坛、夕月坛、太岁坛、先农坛和先蚕坛，是明清帝王进行各种祭祀活动的地方。八庙指太庙、奉先殿、传心殿、寿皇殿、雍和宫、堂子、文庙和历代帝王庙。其中，太庙是明清两朝帝王供奉祖先的场所，是皇帝家庙。文庙，又称孔庙，是祭祀孔子的地方。

八月

星期三

立秋

七日

农历甲辰年·七月初四

贰零贰肆

北斗卫星导航系统

北斗卫星导航系统是我国着眼于国家安全和经济社会发展需要，自主建设运行的全球卫星导航系统，是为全球用户提供全天候、全天时、高精度的定位、导航和授时服务的国家重要时空基础设施。北斗卫星导航系统为经济社会发展提供重要时空信息保障，是我国实施改革开放40余年来取得的重要成就之一，是新中国成立70多年来重大科技成就之一，是我国贡献给世界的全球公共服务产品。

八月

星期四

八日

农历甲辰年·七月初五

贰零贰肆

龙泉青瓷传统烧制技艺

2009年列入非遗名录。龙泉青瓷传统烧制技艺起源于浙江省龙泉市，以其独特的青瓷制作工艺和高超的烧成技术闻名于世。青瓷，指的是一种瓷质釉面呈现出淡青色或浅绿色调的陶瓷，其制作历史悠久，技艺精湛，被誉为中国陶瓷的瑰宝。龙泉青瓷通常呈现出淡雅的青绿色，给人以清新脱俗的感觉，同时其釉面光洁如玉，触感温润。

八月

星期五

九日

农历甲辰年·七月初六

贰零贰肆

节气养生

本周三为立秋节气。《月令七十二候集解》曰，“秋，揫也，物于此而揫敛也”。万物开始从繁茂成长趋向成熟。立秋养生应以养收为原则，贵在滋阴敛阳。秋天当“早卧早起，与鸡俱兴”，早睡乃顺应阳气之收敛，早起则使肺气得以舒展。

八月

星期六

十日

农历甲辰年·七月初七

贰零贰肆

自古逢秋悲寂寥
我言秋日胜春朝
晴空一鹤排云上
便引诗情到碧霄

八月

星期日

十一

农历甲辰年·七月初八

贰零贰肆

周而复始

八月

星期一

十二

农历甲辰年·七月初九

贰零贰肆

要围绕我国和世界发展面临的重大问题，着力提出能够体现中国立场、中国智慧、中国价值的理念、主张、方案。我们不仅要让世界知道“舌尖上的中国”，还要让世界知道“学术中的中国”、“理论中的中国”、“哲学社会科学中的中国”，让世界知道“发展中的中国”、“开放中的中国”、“为人类文明作贡献的中国”。

八月

星期二

十三

农历甲辰年·七月初十

贰零贰肆

文化通识

谶纬之学是两汉时将儒家经学神学化的学说。“谶”是方术秘语，假托仙圣，预判吉凶；“纬”是汉儒假托古圣先贤制造的依附于经的解说。谶纬经学主要倾向是将“六经”神秘化、儒学宗教化、孔子教主化，并为汉王朝正统作论证。纬以配经，故称“经纬”；谶以附经，称为“经谶”；谶纬配图，又叫“图录”；以其符验，又叫“符谶”；以其神灵，又叫“灵篇”。

八月

星期三

十四

农历甲辰年·七月十一

贰零贰肆

大国重器

"鲲龙"AG600水陆两栖飞机

"鲲龙"AG600水陆两栖飞机是我国自主研制的大型特种用途民用飞机，也是国家应急救援体系建设急需的重大航空装备，兼具森林灭火、水上救援等多种功能。AG600具备陆地、水面上起降能力，可在水面汲水，也可在陆地机场注水，最多可载水12吨，单次投水救火面积可达4000余平方米。拥有高抗浪船体设计，除了水面低空搜索外，还可在水面停泊实施救援行动，水上应急救援一次可救护50名遇险人员。

八月

星期四

十五

农历甲辰年·七月十二

贰零贰肆

宣纸传统制作技艺

2009年列入非遗名录。宣纸具有质地绵韧、不蛀不腐等特点。宣纸制作技艺，作为中国安徽省泾县的传统手工技艺，承载了丰富的历史和文化内涵。宣纸以其独特的材料和制作工艺，为绘画、书法、文化传承等领域作出了重要贡献。其历史起源可追溯到唐代；宋代时，由于宣纸的需求急剧增加，宣州地区的制作出现供不应求的局面；到了元代，宣纸制造工艺逐渐成熟，尤其是绘画的繁荣，促使宣纸作为绘画基础工具得到重视。

八月

星期五

十六

农历甲辰年·七月十三

贰零贰肆

节气养生

入秋以后，气温逐渐转凉、空气干燥，传统医学把这种气候特点称为“秋燥”。立秋之后养生，养肺润燥是关键。《素问》说：“肺主秋……肺收敛，急食酸以收之，用酸补之，辛泻之”。可适当多食酸味果蔬，如西红柿、枇杷、柠檬等。而肺在五色里属白，多食白色的食物也有生津润肺、补益肺气之功效，比如银耳、蜂蜜、白芝麻等。

八月

星期六

十七

农历甲辰年·七月十四

贰零贰肆

人生若只如初见
何事秋风悲画扇
等闲变却故人心
却道故人心易变

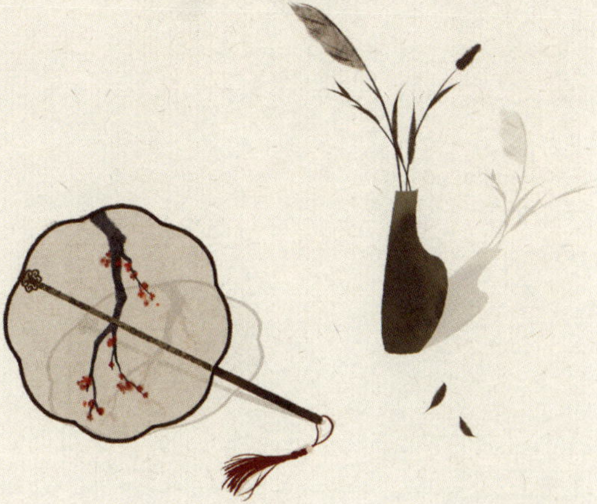

八月

星期日

中元节

十八

农历甲辰年·七月十五

贰零贰肆

周而复始

八月

星期一

十九

农历甲辰年·七月十六

贰零贰肆

中国人历来讲究修身，强调“自天子以至于庶人，壹是皆以修身为本”，“修己以安百姓”，“修其心治其身，而后可以为政于天下”，“正心以为本，修身以为基”。还有，战国时期齐国邹忌以自己与城北徐公比美的故事讽齐王纳谏；诸葛亮在《出师表》中总结出“亲贤臣，远小人，此先汉所以兴隆也；亲小人，远贤臣，此后汉所以倾颓也”；范仲淹在《岳阳楼记》中写下“不以物喜，不以己悲”、“先天下之忧而忧，后天下之乐而乐”的名句；文天祥以生命书写了“人生自古谁无死，留取丹心照汗青”的壮歌。“富贵不能淫，贫贱不能移，威武不能屈”，这是古人提倡的浩然正气。

八月

星期二

廿日

农历甲辰年·七月十七

贰零贰肆

冠礼，是古代男子的成年礼，《礼记》载“男子二十冠而字”。冠，是穿礼服所戴的一种帽子，加冠的程序是先加缁布冠，次加皮弁，再加爵弁，俗称“三加”。加冠后，方可用字号。笄礼，也叫“加笄”，为古代女子的成年礼。周代起，贵族女子在订婚以后出嫁之前行笄礼，一般在十五岁举行。受笄即在行笄礼时改变幼年的发式，将头发绾成一个髻，用笄簪上。

八月

星期三

廿一

农历甲辰年·七月十八

贰零贰肆

大国重器

“深海一号”半潜式钻井平台

“深海一号”半潜式钻井平台是一种大部分浮体没于水下的小水线面的移动式钻井平台，是由我国自主研发建造的全球首座10万吨级深水半潜式生产储油平台，多次刷新世界深水钻完井作业单项纪录。“深海一号”半潜式钻井平台标志着我国深水油气开发能力和深水海洋工程装备建造水平取得重大突破，实现从300米深水向1500米超深水挺近的历史性跨越。

八月

星期四

处暑

廿二

农历甲辰年·七月十九

贰零贰肆

西安鼓乐

2009年列入非遗名录。西安鼓乐是我国古代音乐的重要遗存，它特有的复杂曲体、丰富的旋律及乐器配置形式，大量的传谱曲目丰富了中华音乐文化宝库。它源起于唐代的燕乐，经历了漫长的历史演变。在历史长河中，它融合了宫廷音乐的精髓，在安史之乱时期随着宫廷乐师的流亡而流入民间。至今，西安鼓乐依然保持着相当完整的曲目、谱式、结构、乐器及演奏形式，将古代音乐的韵味传承至今。

八月

星期五

廿三

农历甲辰年·七月二十

贰零贰肆

节气养生

昨天为处暑节气，明天出伏。《月令七十二候集解》里说：“处，去也，暑气至此而止矣”。处，有停止的意思。从处暑开始，暑气就要渐渐消散了。出伏过后，常常会迎来“秋老虎”，是气温波动最大、波动最频繁的时候。要注意昼夜温差的变化，适当增减衣物。在饮食上不宜大补“贴秋膘”，要清淡，多食用清热、利湿的食物。

八月

星期六

廿四

农历甲辰年·七月廿一

贰零贰肆

垂緌饮清露
流响出疏桐
居高声自远
非是藉秋风

农历甲辰年·七月廿二

贰零贰肆

廿五

八月

星期日

周而复始

八月

星期一

廿六

农历甲辰年·七月廿三

贰零贰肆

要不断体会和弘扬先人传承下来的传统美德，如“大道之行也，天下为公”、“不义而富且贵，于我如浮云”、“君子喻于义”、“言必信，行必果”、“德不孤，必有邻”、“人而无信，不知其可也”，等等，为为人处世、安身立命提供重要启示。

八月

星期二

廿七

农历甲辰年·七月廿四

贰零贰肆

伯仲叔季，是古代贵族和知识分子表示排行的用词。伯是老大，仲是老二，叔是老三，季是老四。伯、仲、叔、季，常常加在男子的字的前面，在字的后面加上父或甫表示性别或尊称。比如周武王的哥哥，就是周文王的长子，叫伯邑考；三国的司马懿，字仲达。女子的全称与男子有所不同，是在字的前面加姓，在姓的前面加孟（伯）、仲、叔、季表示排行，在字的后面加母或女来表示性别尊称，如孟姜女就是姜家的大女儿。

八月

星期三

廿八

农历甲辰年·七月廿五

贰零贰肆

大国重器

"蓝鲸1号"半潜式钻井平台

"蓝鲸1号"半潜式钻井平台是目前世界上最先进的一代超深水双钻塔半潜式钻井平台，也是世界上最大的海上钻井平台。它的最大钻井深度15250米，最大作业水深3658米，是目前世界上钻井深度、作业水深最深的半潜式钻井平台，可用于全球95%的海域作业。"蓝鲸1号"2017年2月13日命名交付，5月18日完成我国全球首次海域可燃冰大规模开采任务。

八月

星期四

廿九

农历甲辰年·七月廿六

贰零贰肆

粤剧

2009年列入非遗名录。又称广府戏、广东大戏，形成于广东，后传入广西、香港、澳门、台湾，在东南亚和美洲各国有华侨居住的地方均有粤剧演出。作为汉族传统戏曲的一部分，粤剧以其独特的表演风格、精湛的唱腔和丰富的戏曲剧目，充分展现了广东文化的魅力与活力。粤剧融合了明清时期流入广东的海盐腔、弋阳腔、昆山腔、梆子腔等多种戏曲腔调，同时也吸收了珠江三角洲的民间音乐元素，逐渐形成了自己独特的艺术风格。

八月

星期五

卅日

农历甲辰年·七月廿七

贰零贰肆

节气养生

《黄帝内经》言：肺在志为悲（忧）。处暑之后，“肺”最容易发生疾病，一旦肺气虚，机体对一些不良刺激的耐受性就会下降，就容易产生悲伤的情绪。因此应保持内心宁静、情绪乐观，经常登高望远，舒畅胸怀。处暑时节阳气由疏泄趋向收敛，所以此时运动不宜太过，尽量选择运动量较小的活动，避免大量出汗伤阳气。

八月

星期六

卅一

农历甲辰年·七月廿八

贰零贰肆

东篱把酒黄昏后
有暗香盈袖
莫道不销魂
帘卷西风
人比黄花瘦

九月

贰零贰肆

农历甲辰年

九月

星期日

一日

农历甲辰年 · 七月廿九

贰零贰肆

周而复始

九月

星期一

二日

农历甲辰年·七月三十

贰零贰肆

中华民族在长期实践中培育和形成了独特的思想理念和道德规范，有崇仁爱、重民本、守诚信、讲辩证、尚和合、求大同等思想，有自强不息、敬业乐群、扶正扬善、扶危济困、见义勇为、孝老爱亲等传统美德。中华优秀传统文化中很多思想理念和道德规范，不论过去还是现在，都有其永不褪色的价值。

九月

星期二

抗日战争胜利纪念日

三日

农历甲辰年·八月初一

贰零贰肆

十二章服饰纹样，是我国古代帝王衮服上的纹样。最早记载于《尚书·益稷》：“帝曰：予欲观古人之象，日、月、星辰、山、龙、华虫，作会；宗彝、藻、火、粉米、黼、黻，絺绣，以五采彰施于五色，作服，汝明。”“十二章”是权力和权威的重要标志，其政治涵义大于审美意义。

九月

星期三

四日

农历甲辰年·八月初二

贰零贰肆

大国重器

“海牛Ⅱ号”海底大孔深保压取芯钻机系统

“海牛Ⅱ号”是目前世界上唯一一台海底钻深大于200米的深海海底钻机。“海牛Ⅱ号”所有关键技术均为我国自主研发，目前已取得125项专利。2021年4月7日，“海牛Ⅱ号”在南海超2000米深水成功下钻231米，不仅填补了我国海底钻深大于100米、具保压取芯功能的深海海底钻机装备的空白，也刷新了世界深海海底钻机的钻深纪录，标志着我国在这一技术领域已达世界领先水平。

九月

星期四

五日

农历甲辰年·八月初三

贰零贰肆

中医针灸

2010年列入非遗名录。中医针灸是针法和灸法的合称，作为传统中医的重要医疗手段，凭借其独特的理论和实践体系，成为中国乃至世界医疗领域的重要瑰宝。它不仅在中国广泛应用，还在东南亚、欧洲、美洲等地区得到实践，成为人们预防和治疗疾病的重要方法。针灸理论认为，人体经络系统如同一个小宇宙，通过刺激经络和穴位，来调节人体的生理机能，达到促进健康、预防和治疗疾病的目的。

九月

星期五

六日

农历甲辰年·八月初四

贰零贰肆

节气养生

明天为白露节气。这段时间的清晨，地面和叶子上会有许多露水，古人便以四时配五行，秋属金，金色白，以白形容秋露，该时节故名白露。此时，天气冷暖多变，早晚温差较大，“白露身不露”，注意捂腰腹、捂双脚。“秋冻”并不适合所有人，体弱多病、儿童、老人等最好多穿一件背心，可以保护好心肺，减少心血管疾病的发生。

九月

星期六

白露

七日

农历甲辰年·八月初五

贰零贰肆

白露团甘子
清晨散马蹄
圃开连石树
船渡入江溪

九月

星期日

八日

农历甲辰年·八月初六

贰零贰肆

周而复始

九月

星期一

九日

农历甲辰年·八月初七

贰零贰肆

我们要结合新的时代条件传承和弘扬中华优秀传统文化，传承和弘扬中华美学精神。中华美学讲求托物言志、寓理于情，讲求言简意赅、凝练节制，讲求形神兼备、意境深远，强调知、情、意、行相统一。

九月

星期二

教师节

十日

农历甲辰年·八月初八

贰零贰肆

汉服是中国汉族的传统民族服饰。三皇五帝时期一直到明代，华夏人民一直不改服饰的基本特征。它是中国“衣冠上国”“礼仪之邦”“锦绣中华”的体现，承载了汉族的染织绣等杰出工艺和美学，传承了30多项中国非物质文化遗产以及受保护的中国工艺美术。汉人的服装形制很早就形成了两个基本的谱系，并一直延续到20世纪初叶，一个是上衣下裳（裤、裙）的谱系；另一个是“深衣”，亦即所谓袍服的谱系。

九月

星期三

十一

农历甲辰年·八月初九

贰零贰肆

大国重器

金沙江白鹤滩水电站

金沙江白鹤滩水电站是实施“西电东送”的国家重大工程，是当今世界在建规模最大、技术难度最高的水电工程。全球单机容量最大功率百万千瓦水轮发电机组，实现了我国高端装备制造的重大突破。2022年12月，白鹤滩水电站全部机组投产发电，标志着我国在长江之上建成世界最大清洁能源走廊，对保障长江流域防洪、发电、航运、水资源综合利用和水生态安全具有重要意义。

九月

星期四

十二

农历甲辰年·八月初十

贰零贰肆

京剧

2010年列入非遗名录。京剧，又称平剧，中国国粹之一，是中国影响力最大的戏曲剧种。它起源于清代，发源于北京，以其独特的唱腔、表演、音乐、舞台美术等方面的艺术表现形式，深受观众喜爱。其角色分为生、旦、净、丑四大行当。每个行当都有其独特的表演形式和技巧，其中的唱、念、做、打技艺各具特色。京剧伴奏分文场和武场两大类：文场以胡琴为主奏乐器；武场以打击乐伴奏为主。

九月

星期五

十三

农历甲辰年·八月十一

贰零贰肆

节气养生

从白露开始，日常滋养的重心就要从排湿向着润燥转移了。秋季进补首推汤粥，如贝母梨汤、百合粥、冰糖银耳大枣汤等，不但易消化吸收，还能养阴润燥。此时饮食宜减少苦寒、辛辣的食物，宜多进酸甜甘温之物，以养心肝脾胃。进食不宜过饱。像海鲜等寒凉之物，不适宜多吃，以免脾胃受凉。可以多吃山药、莲子、百合、白萝卜等白色食物。

九月

星期六

十四

农历甲辰年·八月十二

贰零贰肆

江水三千里
家书十五行
行行无别语
只道早还乡

九月

星期日

十五

农历甲辰年·八月十三

贰零贰肆

周而复始

九月

星期一

十六

农历甲辰年·八月十四

贰零贰肆

在社会主义核心价值观中，最深层、最根本、最永恒的是爱国主义。爱国主义是常写常新的主题。拥有家国情怀的作品，最能感召中华儿女团结奋斗。范仲淹的“先天下之忧而忧，后天下之乐而乐”，陆游的“王师北定中原日，家祭无忘告乃翁”、“位卑未敢忘忧国”、“夜阑卧听风吹雨，铁马冰河入梦来”，文天祥的“人生自古谁无死，留取丹心照汗青”，林则徐的“苟利国家生死以，岂因祸福避趋之”，岳飞的《满江红》，方志敏的《可爱的中国》，等等，都以全部热情为祖国放歌抒怀。我们当代文艺更要把爱国主义作为文艺创作的主旋律，引导人民树立和坚持正确的历史观、民族观、国家观、文化观，增强做中国人的骨气和底气。

九月

星期二

中秋节

十七

农历甲辰年·八月十五

贰零贰肆

“耕读传家久，诗书继世长”，这是许多家庭用以劝勉后世子孙重视耕读的楹联和家训，寄寓着长辈对后世子孙的谆谆教诲与殷切期望。唐末五代的《章氏家训》明确提出了“传家两字，曰耕与读；兴家两字，曰俭与勤”，教育子孙后代要勤于劳动，读书明理。古人讲究“耕读传家久”，旨在通过耕读培育良好的行为习惯和高尚情操，不断滋养个人道德品格，从而使得家庭和睦、社会和谐。

九月

星期三

十八

农历甲辰年·八月十六

贰零贰肆

大国重器

“运河号”盾构机

“运河号”盾构机是我国直径最大的盾构机，开挖直径16.07米，长145米，重4500吨，可连续掘进4800米不换刀，刷新世界纪录。盾构机国产化率98%以上，突破了多项超大直径盾构机关键核心技术，其中超大直径盾构隧道同步双液注浆技术填补行业空白，结束了我国超大直径盾构机依靠国外装备的时代，使我国进入盾构机世界强国之列。

九月

星期四

十九

农历甲辰年·八月十七

贰零贰肆

中国皮影戏

2011年列入非遗名录。皮影戏，又称“影子戏”或“灯影戏”，是一种以兽皮或纸板做成的人物剪影表演故事的民间戏剧。其以剪影人物为主要表演媒介，通过操纵人物剪影，配以音乐、曲调和故事讲述，以丰富的视听效果讲述故事情节。最早可追溯到西汉时期，后来逐渐演化成一种富有表演性、艺术性和娱乐性的民间戏剧形式，在唐代达到兴盛，在清代达到巅峰，影响扩展到中国各地以及亚洲其他地区。

九月

星期五

廿日

农历甲辰年·八月十八

贰零贰肆

节气养生

本周日为秋分节气。《春秋繁露》里说："秋分者，阴阳相半也，故昼夜均而寒暑平。"秋分时节昼夜均等，所以养生也要顺应自然界规律，遵循阴阳平衡的原则，使阴气平和，阳气固密，正所谓"阴平阳秘，精神乃至"。睡眠是保持阴阳平衡的良方，一定要睡好子午觉。饮食要均衡，不能偏嗜。遵循早吃好、午吃饱、晚吃少的原则，适当调配。

九月

星期六

廿一

农历甲辰年·八月十九

贰零贰肆

不觉初秋夜渐长
清风习习重凄凉
炎炎暑退茅斋静
阶下丛莎有露光

九月

星期日

秋分

廿二

农历甲辰年·八月二十

贰零贰肆

周而复始

九月

星期一

廿三

农历甲辰年·八月廿一

贰零贰肆

怎样对待本国历史？怎样对待本国传统文化？这是任何国家在实现现代化过程中都必须解决好的问题。我们党在领导革命、建设、改革的进程中，一贯重视学习和总结历史，一贯重视借鉴和运用历史经验。历史虽然是过去发生的事情，但总会以这样那样的方式出现在当今人们的生活之中。我国传统思想文化根源在社会生活本身，是人们思想观念、风俗习惯、生活方式、情感样式的集中表达。古代思想文化对今人仍然具有很深刻的影响。我们要对传统文化进行科学分析，对有益的东西、好的东西予以继承和发扬，对负面的、不好的东西加以抵御和克服，取其精华、去其糟粕，而不能采取全盘接受或者全盘抛弃的绝对主义态度。

九月

星期二

廿四

农历甲辰年·八月廿二

贰零贰肆

颜柳欧赵，分别是唐代的颜真卿、柳公权、欧阳询和元代的赵孟頫。他们都擅长楷书，又各自形成了鲜明的风格。四位书法家的排列是依据一个学习顺序形成的：先学颜体，颜体字形撑得比较开，可以占满格子；然后学习柳体，柳体骨架比较刚硬，可以写得挺拔；再学欧体，欧体比较平正，可以获得平衡；最后学习赵体，赵体比较流畅，便于快速书写。

九月

星期三

廿五

农历甲辰年·八月廿三

贰零贰肆

大国重器

港珠澳大桥

港珠澳大桥跨越珠江口伶仃洋海域，2018 年 10 月 23 日建成开通，建成时是世界上最长的跨海大桥（全长约 56 千米，其中海中主体工程长约 30 千米），拥有全世界最长、埋深最大的海底沉管隧道（6.7 千米），被称为“新的世界七大奇迹”，是世界上最具挑战性的超级工程之一。港珠澳大桥项目在多个领域填补了行业标准和国家标准的空白，是国际跨海通道工程建设史上一个重要的里程碑。

九月

星期四

廿六

农历甲辰年·八月廿四

贰零贰肆

中国珠算——运用算盘进行数学计算的知识与实践

2013年列入非遗名录。中国珠算，作为一种古老的数字计算方法，借助算盘作为工具，通过珠子的移动和排列来进行数学计算，是我国古代劳动人民的伟大创造。珠算的历史可追溯至古代中国，其最早的记载见于汉代徐岳所撰写的《数术记遗》。珠算在明代经济高度繁荣的背景下，得到了更为广泛的推广与发展，随着商业贸易的兴盛，珠算作为一种高效的计算方法，逐渐取代了过去的筹算方式。

九月

星期五

廿七

农历甲辰年·八月廿五

贰零贰肆

节气养生

秋分之前有暑热的余气，故多见温燥；秋分之后，阵阵秋风袭来，使气温逐渐下降，寒凉渐重，所以多出现凉燥。凉燥最易损伤肺阴，引起津气亏虚。注意保暖，建议洋葱式穿衣法。要坚持锻炼身体，不仅可以调养肺气，还可增强肺脏器官的功能。

九月

星期六

廿八

农历甲辰年·八月廿六

贰零贰肆

柳外慵蝉噪晚霞
风床书卷篆烟斜
凭阑自爱秋容淡
闲数残荷几朵花

九月

星期日

廿九

农历甲辰年·八月廿七

贰零贰肆

周而复始

九月

星期一

卅日

农历甲辰年·八月廿八

贰零贰肆

历史是最好的老师。在漫长的历史进程中，中华民族创造了独树一帜的灿烂文化，积累了丰富的治国理政经验，其中既包括升平之世社会发展进步的成功经验，也有衰乱之世社会动荡的深刻教训。我国古代主张民惟邦本、政得其民，礼法合治、德主刑辅，为政之要莫先于得人、治国先治吏，为政以德、正己修身，居安思危、改易更化，等等，这些都能给人们以重要启示。治理国家和社会，今天遇到的很多事情都可以在历史上找到影子，历史上发生过的很多事情也都可以作为今天的镜鉴。中国的今天是从中国的昨天和前天发展而来的。

十月

贰零贰肆

农历甲辰年

十月

星期二

国庆节

一日

农历甲辰年·八月廿九

贰零贰肆

牌匾又称招牌、匾额，融入了中国的辞赋诗文、书法篆刻、建筑等艺术，集字、印、雕、色为一体。牌匾书法一般是大字，往往是颜体楷书风格。我们一般所说的楷书四大家颜、柳、欧、赵，最适合用来题榜的还是颜字。这是由颜体字本身厚重、宽博、大气的书风特点所决定的。

十月

星期三

二日

农历甲辰年·八月三十

贰零贰肆

共玉高速公路

共玉高速公路全长635公里，连接了青海省海南州共和县和玉树藏族自治州，2017年8月1日宣告建成通车。它是世界上第一条穿越多年冻土区的高速公路，在冻土、桥梁、隧道等方面取得诸多原创性成果，突破高海拔冻土区高速公路建设禁区，被誉为“国际冻土工程新的里程碑”。共玉高速公路是我国首条穿越青藏高原多年冻土地区、通往玉树地区的“生命线”公路通道。

十月

星期四

三日

农历甲辰年·九月初一

贰零贰肆

二十四节气——中国人通过观察太阳周年运动而形成的时间知识体系及其实践

2016年列入非遗名录。“二十四节气”是中国古代先民在长期的生产生活实践中观察植物、动物、天气、星象、水体等物候现象变化，总结其特征与先后顺次，以物候特征为主要时间基准来安排农业生产、开展相伴生的民俗和祭祀活动的“物候历法”；是历法中表示自然节律变化以及确立“十二月建”的特定节令。它指导着传统农业生产和日常生活，是中国传统历法体系及其相关实践活动的重要组成部分。在国防气象界，被誉为“中国的第五大发明”。

十月

星期五

四日

农历甲辰年·九月初二

贰零贰肆

节气养生

秋分过后，可适当食用秋藕、鸭肉、黑木耳等，以起到去燥润肺之用。晚上坚持用温水泡脚15—30分钟，水没过脚踝（三阴交穴），泡到身体微微发热最好。泡脚的同时把耳朵和腰部搓热，肾开窍于耳，搓热耳朵能有效补养肾气。

十月

星期六

五日

农历甲辰年·九月初三

贰零贰肆

华堂堆烛泪
长笛吹新水
醉客各西东
应思陈孟公

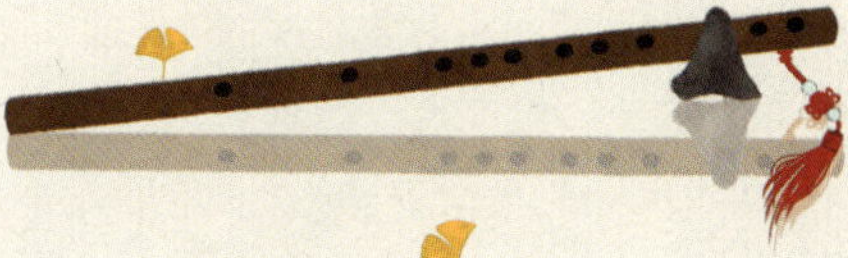

十月

星期日

六日

农历甲辰年·九月初四

贰零贰肆

周而复始

十月

星期一

七日

农历甲辰年·九月初五

贰零贰肆

一个国家的治理体系和治理能力是与这个国家的历史传承和文化传统密切相关的。解决中国的问题只能在中国大地上探寻适合自己的道路和办法。数千年来，中华民族走着一条不同于其他国家和民族的文明发展道路。我们开辟了中国特色社会主义道路不是偶然的，是我国历史传承和文化传统决定的。我们推进国家治理体系和治理能力现代化，当然要学习和借鉴人类文明的一切优秀成果，但不是照搬其他国家的政治理念和制度模式，而是要从我国的现实条件出发来创造性前进。

十月

星期二

寒露

八日

农历甲辰年·九月初六

贰零贰肆

墨分五色，是指用水调节墨色，体现出不同程度的浓淡干湿。五色通常指浓、淡、干、湿、焦。“浓”墨指墨中含水较少，最能体现力度和精神，整体效果沉着庄重，多用于楷书、篆书、隶书的书写。“淡”墨水分较多，适合体现清新淡雅、朦胧深远的意境。“干”“湿”的效果在浓墨淡墨中都能体现，通过水墨的多少、运笔的快慢、笔力的强弱来实现。“焦”墨比浓墨更黑，笔蘸上极黑之墨是为焦墨。

十月

星期三

九日

农历甲辰年·九月初七

贰零贰肆

上海洋山深水港

上海洋山深水港由大洋山、小洋山等数十个岛屿组成，是中国首个在海岛建设的港口，也是距上海最近的深水良港。洋山深水港的建设使岛屿陆地面积扩张近6倍，从深海里“造”出800万平方米土地，相当于1000个足球场大小。洋山深水港四期是全球单体最大的全自动化码头和全球综合自动化程度最高的码头，标志着我国在港口建造、运营方面实现了里程碑式跨越升级与重大变革。

十月

星期四

十日

农历甲辰年·九月初八

贰零贰肆

藏医药浴法——中国藏族有关生命健康和疾病防治的知识与实践

2018年列入非遗名录。藏医药浴法，藏语称“泷沐”，是藏族人民以土、水、火、风、空“五源”生命观和隆、赤巴、培根“三因”健康观及疾病观为指导，通过沐浴天然温泉或药物煮熬的水汁或蒸气，调节身心平衡，实现生命健康和疾病防治的传统知识和实践。药浴法就是将全身或部分肢体浸泡于药物煮熬的水汁中，然后卧热炕发汗，使腠理开泄，祛风散寒、化瘀活络，达到治病目的。广泛流传于西藏、青海、四川等地的藏区。

十月

星期五

重阳节

十一

农历甲辰年·九月初九

贰零贰肆

节气养生

本周二是寒露节气，今日是重阳节。重阳节起源于战国时期，始于南朝，盛行于唐代，至今已有2000多年的历史，“敬老尊贤、登高祭祖”的习俗一直传承至今。寒露时节，气温比白露更低，地面的露水更冷，快要凝结成霜了，气候由凉爽向寒冷过渡。此节气最大的特点是“燥”邪当令，最容易伤肺伤胃，人们容易出现口干、唇干、咽干、皮肤干燥。所以养生的重点是养阴防燥、润肺益胃。

十月

星期六

十二

农历甲辰年·九月初十

贰零贰肆

晨起动征铎
客行悲故乡
鸡声茅店月
人迹板桥霜

十月

星期日

十三

农历甲辰年·九月十一

贰零贰肆

周而复始

十月

星期一

十四

农历甲辰年·九月十二

贰零贰肆

小德川流，大德敦化。中华民族为什么几千年能够生生不息、不断发展？很重要的原因是我们有以爱国主义为核心的民族精神，有一脉相承的价值追求。社会主义核心价值观决定着各民族共有精神家园的发展方向，一定要在全社会、在各民族中大力培育和践行。在这个过程中，要注重从少数民族文化中汲取营养。比如，少数民族文化强调崇尚自然、爱惜生灵，热爱生活、勤劳简朴，各族相亲、敬重长者，热情好客、守望相助，讲求道义、勇敢无畏，信守承诺、非义不取，自尊自爱、重情重理，等等。

十月

星期二

十五

农历甲辰年·九月十三

贰零贰肆

钤印俗称“盖印章”，是完成书法（画）作品的最后一个关键步骤。一般书法作品的钤印可分为三类，按钤印位置，分为起首印（引首印）、压角印和名号印。起首章一般钤在右边第一行的第一、二字之间的右侧，或第一字的右侧并稍高于字头；姓名印钤在落款的下方。用印的数量、大小及风格要随作品风格而定，做到印风与书风统一，一般不宜超过正文大小，或略小于款字。

十月

星期三

十六

农历甲辰年·九月十四

贰零贰肆

大国重器

国和一号

2020年9月，我国三代核电自主化标志性成果——“国和一号”正式发布。“国和一号”是我国在引进消化吸收三代非能动压水堆核电技术的基础上，通过大型先进压水堆及高温气冷堆核电站国家科技重大专项开发的、具有自主知识产权的大型先进压水堆核电型号，是目前全球最大的非能动压水堆核电机组。“国和一号”打破了多项材料及设备制造技术垄断，形成几千项知识产权成果，实现高起点的全面创新。

十月

星期四

十七

农历甲辰年·九月十五

贰零贰肆

太极拳

2020年列入非遗名录。太极拳是中国传统武术的瑰宝，以其深厚的哲学基础和独特的身心修养方式，成为了世界瞩目的非物质文化遗产代表作之一。它融合了儒道哲学、阴阳辩证思想，结合易学、中医经络学等多种元素，既是一门技击拳术，更是一种综合的健身、养生和哲学实践。它的名字源自中国传统儒道哲学中的太极、阴阳概念，强调平衡与和谐。

十月

星期五

十八

农历甲辰年·九月十六

贰零贰肆

节气养生

秋季可常食川贝炖雪梨，川贝味甘、苦，性微寒，归心、肺经。川贝苦寒，能清热，其质润，入肺经可润肺化痰。雪梨也为清热滋润之品。寒露节气，民间还有吃芝麻的养生习俗。此时，螃蟹也到了肥美的时候，但螃蟹性寒，体寒身弱之人应少食，可以姜茶、紫苏等进行中和。

十月

星期六

十九

农历甲辰年·九月十七

贰零贰肆

闽国扬帆去
蟾蜍亏复圆
秋风生渭水
落叶满长安

十月

星期日

廿日

农历甲辰年·九月十八

贰零贰肆

周而复始

十月

星期一

廿一

农历甲辰年·九月十九

贰零贰肆

儒家思想在内的中国优秀传统文化中蕴藏着解决当代人类面临的难题的重要启示，比如，关于道法自然、天人合一的思想，关于天下为公、大同世界的思想，关于自强不息、厚德载物的思想，关于以民为本、安民富民乐民的思想，关于为政以德、政者正也的思想，关于苟日新日日新又日新、革故鼎新、与时俱进的思想，关于脚踏实地、实事求是的思想，关于经世致用、知行合一、躬行实践的思想，关于集思广益、博施众利、群策群力的思想，关于仁者爱人、以德立人的思想，关于以诚待人、讲信修睦的思想，关于清廉从政、勤勉奉公的思想，关于俭约自守、力戒奢华的思想，关于中和、泰和、求同存异、和而不同、和谐相处的思想，关于安不忘危、存不忘亡、治不忘乱、居安思危的思想，等等。

十月

星期二

廿二

农历甲辰年·九月二十

贰零贰肆

尺牍，又名书信、尺素、手札，因长度在一尺左右，故有“尺牍”之称，是古代社会人际交往、信息传递最普遍最重要的通信方式。尺牍的书写应注意遵守一定的规范和格式，比如称谓和属款。尺牍的书写往往比较随性，体现真情实感的流露。历史上许多书法家所写的尺牍往往比其长卷显得更加灵动自然、不事雕琢。

十月

星期三

霜降

廿三

农历甲辰年·九月廿一

贰零贰肆

大国重器

山东石岛湾高温气冷堆示范工程

2021年12月，我国具有完全自主知识产权的全球首座球床模块式高温气冷堆核电站石岛湾高温气冷堆示范工程首次并网发电，标志着我国成为世界上少数几个掌握第四代核能技术的国家之一。石岛湾核电站是全球首个投入商用的高温气冷堆电站，攻克了多项世界性、行业性“卡脖子”关键技术，将成为举世瞩目的“下一代核电之星”。

十月

星期四

廿四

农历甲辰年·九月廿二

贰零贰肆

送王船——有关人与海洋可持续联系的仪式及相关实践

2020年列入非遗名录。送王船是广泛流传于中国闽南地区和马来西亚马六甲沿海地区禳灾祈安的民俗活动，是闽南人表达对海洋的敬畏和感恩而举行的一种祭祀活动。送王船传递着人们对先辈走向海洋的历史记忆，体现了人与自然和谐相处、尊重生命的理念，为推动包容性社会发展提供了丰富的文化对话资源，其中蕴含了观察气象、潮汐、洋流等海洋知识和航海技术，是人们长期海上生产生活智慧的结晶。

十月

星期五

廿五

农历甲辰年·九月廿三

贰零贰肆

节气养生

本周三为霜降节气。此时是秋冬气候的转折点，也是阳气由收到藏的过渡，需助阳气敛藏，同时适当温润补益身体，可借金气（即肺气）肃降之大势，将阳热一并潜入体内，固护肾精、温煦肾水，待来年温木生发。滋阴润肺宜“平补”，可食用南瓜、板栗、柿子、莲藕、山药、白萝卜等食物。煲汤时可适当加入杏仁、川贝、白果等，用以宣降肺气，或加入沙参、石斛、麦冬、玉竹、百合等。

十月

星期六

廿六

农历甲辰年·九月廿四

贰零贰肆

床头春酒百花香
醉里谁知柿子黄
想道故人消渴久
秋来为摘满林霜

十月

星期日

廿七

农历甲辰年·九月廿五

贰零贰肆

周而复始

十月

星期一

廿八

农历甲辰年·九月廿六

贰零贰肆

春秋战国时期，儒家和法家、道家、墨家、农家、兵家等各个思想流派相互切磋、相互激荡，形成了百家争鸣的文化大观，丰富了当时中国人的精神世界。虽然后来儒家思想在中国思想文化领域长期取得了主导地位，但中国思想文化依然是多向多元发展的。这些思想文化体现着中华民族世世代代在生产生活中形成和传承的世界观、人生观、价值观、审美观等，其中最核心的内容已经成为中华民族最基本的文化基因。这些最基本的文化基因，是中华民族和中国人民在修齐治平、尊时守位、知常达变、开物成务、建功立业过程中逐渐形成的有别于其他民族的独特标识。

十月

星期二

廿九

农历甲辰年·九月廿七

贰零贰肆

金兰之交，典出《易·系辞上》“二人同心，其利断金；同心之言，其臭如兰”，以比喻朋友交情深厚。后来，朋友间情投意合、进而结为异姓兄弟或姐妹，称结金兰（契若金兰）。义结金兰需交换谱帖，叫金兰谱或叫兰谱，俗称拜把子。结拜的时候按人数各用一沓红纸写出每人姓名、生日、时辰、籍贯及父、祖及曾祖三代姓名，然后摆上天地牌位，根据年龄大小，依次焚香叩拜，一起读誓词。

十月

星期三

卅日

农历甲辰年·九月廿八

贰零贰肆

大国重器

煤经合成气直接制高值化学品

乙烯、丙烯等低碳烯烃是现代化学工业的基石，烯烃的传统生产技术高度依赖于石油资源。我国“富煤、贫油、少气”，国际上传统的以煤为原料获得乙烯、丙烯等低碳烯烃的技术工艺存在耗水、耗能并排放大量废水等问题。我国科学家创造性提出纳米限域催化新概念，创立 OXZEO 催化剂和催化体系，实现了煤经合成气直接转化制低碳烯烃等高值化学品，解决了耗水耗能、产生废水等问题。

十月

星期四

卅一

农历甲辰年·九月廿九

贰零贰肆

中国传统制茶技艺及其相关习俗

2022年列入非遗名录。中国有着几千年关于茶叶种植、制作和饮用的丰富知识、技艺和实践的历史。传统制茶技艺涵盖了从茶园管理、茶叶采摘、茶叶加工到茶的饮用和分享的各个环节。这一技艺主要集中于中国的茶区，包括秦岭淮河以南的江南、江北，青藏高原以东的西南和华南等地。每个地区都因其独特的气候、土壤和茶树品种而形成了不同的茶叶制作方法和风味。

十一月

贰零贰肆

农历甲辰年

十一月

星期五

一日

农历甲辰年·十月初一

贰零贰肆

节气养生

霜降要注意“三防”——防秋燥、防秋郁、防秋寒，特别是女性朋友们更要注意下腹部和腿部的保暖。秋季容易犯燥，导致咳嗽、气喘、呼吸不畅。如果觉得呼吸不畅，可揉搓迎香穴（迎香穴在鼻翼两侧，鼻翼外缘中点旁），对消除鼻塞作用明显。每天揉搓迎香穴两分钟，有助预防感冒或哮喘。

十一月

星期六

二日

农历甲辰年·十月初二

贰零贰肆

偶来松树下
高枕石头眠
山中无历日
寒尽不知年

十一月

星期日

三日

农历甲辰年·十月初三

贰零贰肆

周而复始

十一月

星期一

四日

农历甲辰年·十月初四

贰零贰肆

“独学而无友，则孤陋而寡闻。”对人类社会创造的各种文明，无论是古代的中华文明、希腊文明、罗马文明、埃及文明、两河文明、印度文明等，还是现在的亚洲文明、非洲文明、欧洲文明、美洲文明、大洋洲文明等，我们都应该采取学习借鉴的态度，都应该积极吸纳其中的有益成分，使人类创造的一切文明中的优秀文化基因与当代文化相适应、与现代社会相协调，把跨越时空、超越国度、富有永恒魅力、具有当代价值的优秀文化精神弘扬起来。

十一月

星期二

五日

农历甲辰年·十月初五

贰零贰肆

《颜氏家训》，是颜之推记述个人经历、思想、学识以告诫子孙的著作，共七卷，分为序致、教子、兄弟、后娶、治家、风操、慕贤、勉学、文章、名实、涉务、省事、止足、诫兵、养心、归心、书证、音辞、杂艺、终制20篇。该书是我国历史上第一部体系宏大且内容丰富的家训，开后世家训之先河，在家庭教育、道德修养方面给后人提供了许多借鉴。

十一月

星期三

六日

农历甲辰年·十月初六

贰零贰肆

重组人血清白蛋白

人血清白蛋白被称为“血液里的黄金救命药”，用于防治低蛋白血症以及严重受伤、出血、手术或烧伤后的休克反应等一些严重的疾病，还可以作为安全高效的药物载体，而我国这些产品严重依赖进口，存在较大安全隐患。近年来，我国科研工作者已突破了重组人血清白蛋白的产量、纯化工艺和规模化的瓶颈，我国多家企业已有产品获批进入临床。

十一月

星期四

立冬

七日

农历甲辰年·十月初七

贰零贰肆

羌年

2009年列入《急需保护的非物质文化遗产名录》(以下简称急需保护的非遗名录)。羌年这一传统节日源于羌族的丰收文化和宗教信仰，代表了羌族人民对丰收和幸福生活的向往。羌年(羌历年)，羌语称日麦节、日美吉，意为羌历新年、过小年、丰收节等。每年农历十月初一是羌年庆典的主要日期，通常会持续3—5天，有些地方甚至延续到十月初十。流行于四川省理县、茂县、汶川县、北川羌族自治县等地的羌族聚居地，是羌族人民庆祝丰收、祈求平安和祝福的盛大庆典。

十一月

星期五

八日

农历甲辰年·十月初八

贰零贰肆

节气养生

昨天是立冬节气。立冬，是冬季的开始。渐入冬月，阳气开始潜藏，气温逐日降低，万物进入休养、收藏的状态。立冬养生的第一要义即无扰乎阳（顾护阳气，令其潜藏）。立冬之后，太阳升起得晚，落下得早，顺应自然的作息便是早卧晚起。冬季运动也应适度，不要出大汗。

十一月

星期六

九日

农历甲辰年·十月初九

贰零贰肆

不知香积寺
数里入云峰
古木无人径
深山何处钟

十一月

星期日

十日

农历甲辰年·十月初十

贰零贰肆

周而复始

十一月

星期一

十一

农历甲辰年·十月十一

贰零贰肆

中国古代历来讲格物致知、诚意正心、修身齐家、治国平天下。从某种角度看，格物致知、诚意正心、修身是个人层面的要求，齐家是社会层面的要求，治国平天下是国家层面的要求。我们提出的社会主义核心价值观，把涉及国家、社会、公民的价值要求融为一体，既体现了社会主义本质要求，继承了中华优秀传统文化，也吸收了世界文明有益成果，体现了时代精神。

十一月

星期二

十二

农历甲辰年·十月十二

贰零贰肆

书画同源，是中国传统文化一个非常典型的特征。中国文字与绘画的源头，最初是用来记事与交流的符号，随着时间的推移，这些符号就慢慢演变为两种形式，一种是用来记录语言的文字，另一种是用来描形状物的绘画。在后来的发展中，书与画成为文人艺术的代表，书画相通，尤其是笔意的相通更使书画同源的观念得到更多的认同。

十一月

星期三

十三

农历甲辰年·十月十三

贰零贰肆

大国重器

无人植物工厂水稻育种加速器

无人植物工厂水稻育种加速器是根据水稻快速繁殖的环境调控机理，在完全人工环境下通过精准控制光照、温度、湿度和营养成分，促使水稻快速生长。这种无人植物工厂里生长的水稻的生长周期会比在普通田地中种植的水稻收获周期缩短一半，60天即可收获。该技术减少了对土地面积的依赖，也能使亩产量大幅提升，是今后解决粮食安全问题的一项重要尝试。

十一月

星期四

十四

农历甲辰年·十月十四

贰零贰肆

中国木拱桥传统营造技艺

2009年列入急需保护的非遗名录。中国木拱桥传统营造技艺是一门源远流长的工艺，其最大特点就是无钉、无铆，全部都是靠榫卯相接，体现了古人智慧和工艺精髓。这项技艺涵盖了多个关键步骤，如选桥址、建桥台、测水平、搭拱架、上剪刀苗、立马腿、架桥屋等，其中搭建拱架被认为是核心技术。该技艺通过师徒制度进行传承。

十一月

星期五

下元节

十五

农历甲辰年·十月十五

贰零贰肆

节气养生

立冬之后，人体的代谢相对缓慢，因此，情志调养宜保持精神安宁。《黄帝内经》提到，冬季情志养生应该“使志若伏若匿，若有私意，若有已得”，就是要把自己的神志深藏于内，安静自若。保持冷静从容、安宁淡定的心态，忌讳大怒、大喜等一类耗散的情绪。

农历甲辰年·十月十六

贰零贰肆

十六

十一月

星期六

渡远荆门外
来从楚国游
山随平野尽
江入大荒流

十一月

星期日

十七

农历甲辰年·十月十七

贰零贰肆

周而复始

十一月

星期一

十八

农历甲辰年·十月十八

贰零贰肆

中华文化强调“民惟邦本”、“天人合一”、“和而不同”，强调“天行健，君子以自强不息”、“大道之行也，天下为公”；强调“天下兴亡，匹夫有责”，主张以德治国、以文化人；强调“君子喻于义”、“君子坦荡荡”、“君子义以为质”；强调“言必信，行必果”、“人而无信，不知其可也”；强调“德不孤，必有邻”、“仁者爱人”“与人为善”、“己所不欲，勿施于人”、“出入相友，守望相助”、“老吾老以及人之老，幼吾幼以及人之幼”、“扶贫济困”、“不患寡而患不均”，等等。像这样的思想和理念，不论过去还是现在，都有其鲜明的民族特色，都有其永不褪色的时代价值。

十一月

星期二

十九

农历甲辰年·十月十九

贰零贰肆

三礼，《周礼》《仪礼》《礼记》的总称。《周礼》是周朝官制和战国时代各国制度的汇编，分天官、地官、春官、夏官、秋官、冬官六大部分。《仪礼》是先秦时代部分礼制的汇编。《礼记》是解说《仪礼》的资料选编，记礼之细微及义理。三礼是记述上古典章制度名物的典籍，也是研究我国古代社会文化发展的重要文献。

十一月

星期三

廿日

农历甲辰年·十月二十

贰零贰肆

基因测序仪

基因测序是精准医疗的基石，支撑着医学领域各方面深入持续的发展，而读取生命“密码”，离不开高通量、高精度的基因测序仪，基因测序仪的研发、制造则是基因测序行业中最上游、最核心的环节。近年来，我国科研人员经过不懈奋斗，打破国外垄断，实现对这一工具的自主可控，让我国成为了目前少数掌握技术、装备、市场应用等全产业链的国家。

十一月

星期四

廿一

农历甲辰年·十月廿一

贰零贰肆

黎族传统纺染织绣技艺

2009年列入急需保护的非遗名录。该技艺是海南黎族人民已传承3000多年的一种古老而精妙的民族手工技艺，融合了纺、染、织、绣等多个工艺环节。其起源于古老的黎族社会，经过代代相传，逐渐形成了独具特色的工艺体系，涵盖了纺纱、染色、织造和刺绣等多个工艺环节。黎族妇女通过巧妙地操控纤细的线和丝，运用丰富的色彩和图案，将普通的纤维材料变幻出精美的服饰和物品。

十一月

星期五

小雪

廿二

农历甲辰年·十月廿二

贰零贰肆

节气养生

今日为小雪节气。古籍《群芳谱》中说:“小雪气寒而将雪矣,地寒未甚而雪未大也。”这个时期天气逐渐变冷,而小雪则成了寒冷开始的标志。冬季以保养肾脏为主。中医有“耳者,肾之官也”。冬季可经常揉耳,能益肾固精。双手握空拳,拇指食指推磨耳轮,以耳朵发热为度。足底是肾经的起始处、腰为肾之府,保持腰部和足部的温暖是藏精的关键。

十一月

星期六

廿三

农历甲辰年·十月廿三

贰零贰肆

早起烟霜白
初寒鸟雀愁
诗成遣谁和
还是寄苏州

十一月

星期日

廿四

农历甲辰年·十月廿四

贰零贰肆

周而复始

十一月

星期一

廿五

农历甲辰年·十月廿五

贰零贰肆

每一种文明都延续着一个国家和民族的精神血脉，既需要薪火相传、代代守护，更需要与时俱进、勇于创新。中国人民在实现中国梦的进程中，将按照时代的新进步，推动中华文明创造性转化和创新性发展，激活其生命力，把跨越时空、超越国度、富有永恒魅力、具有当代价值的文化精神弘扬起来，让收藏在博物馆里的文物、陈列在广阔大地上的遗产、书写在古籍里的文字都活起来，让中华文明同世界各国人民创造的丰富多彩的文明一道，为人类提供正确的精神指引和强大的精神动力。

十一月

星期二

廿六

农历甲辰年·十月廿六

贰零贰肆

“浓墨宰相”，指清朝宰相刘墉，擅长以丰腴浓厚的点画和散落率意的结构来表达杂沓拙厚的美感，因善用浓墨而有“浓墨宰相”之誉。“淡墨探花”，指清人王文治，其书法深受笪重光、董其昌影响，加之中年以后深究禅理，多用淡墨，秀润天成，故有“淡墨探花”之称。

十一月

星期三

廿七

农历甲辰年·十月廿七

贰零贰肆

大国重器

新型基因编辑工具 CRISPR-Cas12b

基因编辑技术是生命科学的底层技术。2012 年来自法国和美国的两位女性科学家发现了一种叫作“CRISPR-Cas9”的基因编辑技术，通过这一技术，研究人员能以极高的精准度改变动物、植物和微生物的 DNA。2018 年我国科研人员自主研发了一种名为“CRISPR-Cas12b”的基因编辑技术，该技术更精准、更容易在生命中传递基因治疗药物，且更加稳定、易于存储，是我国拥有 CRISPR 系统发明专利的基因编辑工具。

十一月

星期四

廿八

农历甲辰年·十月廿八

贰零贰肆

麦西热甫

2010年列入急需保护的非遗名录。麦西热甫起源于古代，产生于民间，是维吾尔族群众喜闻乐见的一种民间音乐艺术形式。其特点是以歌舞为主，吸引众多人员参与，构成了一场自娱自乐的盛大节庆。麦西热甫活动的内容多样，包括歌曲演唱、舞蹈表演、鼓乐演奏等，形式丰富多样。参与者们可以自由发挥，展示自己的歌唱和舞蹈技巧，能创造出令人惊叹的表演效果。

十一月

星期五

廿九

农历甲辰年·十月廿九

贰零贰肆

节气养生

民间流传“冬吃萝卜夏吃姜”之谚语。冬季吃白萝卜，可健脾养胃、益气补精，且能预防疾病，对身体是很有好处的。冬宜补肾，黑色食物入肾补肾，可以多吃如黑米、紫米、黑豆、黑芝麻、黑木耳、黑枣等，不仅可以补养肾气，还可以抵御寒冷、润肺生津，具有很好的保健功能。饮食口味上应少咸多苦，防上火。

十一月

星期六

卅日

农历甲辰年·十月三十

贰零贰肆

犬吠水声中
桃花带露浓
树深时见鹿
溪午不闻钟

十二月

贰零贰肆

农历甲辰年

十二月

星期日

一日

农历甲辰年·十一月初一

贰零贰肆

周而复始

十二月

星期一

二日

农历甲辰年·十一月初二

贰零贰肆

雨果说，世界上最宽阔的是海洋，比海洋更宽阔的是天空，比天空更宽阔的是人的胸怀。对待不同文明，我们需要比天空更宽阔的胸怀。文明如水，润物无声。我们应该推动不同文明相互尊重、和谐共处，让文明交流互鉴成为增进各国人民友谊的桥梁、推动人类社会进步的动力、维护世界和平的纽带。我们应该从不同文明中寻求智慧、汲取营养，为人们提供精神支撑和心灵慰藉，携手解决人类共同面临的各种挑战。

十二月

星期二

三日

农历甲辰年·十一月初三

贰零贰肆

古人把宫、商、角、徵、羽称为五音，按照音的高低排列起来，形成一个五声音阶，后来再加上变宫、变徵，就形成七个音阶——宫、商、角、变徵、徵、羽、变宫。律，本指用来定音的竹音，后来成为我国古代音乐方面的专门名称，即黄钟、太簇、姑洗、蕤宾、夷则、无射。古书常把五音或五声和六律并举。

十二月

星期三

四日

农历甲辰年·十一月初四

贰零贰肆

一体化全身正电子发射/磁共振成像设备

一体化全身正电子发射/磁共振成像设备是我国自主研发的、核心部件拥有100%自主知识产权的最新一代医学成像设备，拥有业界最高的2.8mm分辨率，成像更为精准。同时，该设备做到了全身正电子发射与磁共振成像的同步采集，能让全身扫描更快实现，是我国在磁共振仪器领域的巨大突破，代表了我国在医学影像设备领域的尖端水平。

十二月

星期四

五日

农历甲辰年·十一月初五

贰零贰肆

中国水密隔舱福船制造技艺

2010年列入急需保护的非遗名录。该技艺是古代中国劳动人民的一大发明，采用这种技艺制造的船舶，大大提高了船只的抗沉性能。该技艺主要用樟木、松木、杉木等木材为主要材料，通过独特的制作工艺，包括榫接和艌缝等核心技艺，使船体结构坚固稳定。最为特别的是，该技艺实现了舱与舱之间的互相独立，形成了密封性强、不透水的结构，从而确保了船只在航行过程中的安全性和稳定性。

十二月

星期五

大雪

六日

农历甲辰年·十一月初六

贰零贰肆

节气养生

今日为大雪节气。“大雪”标志着仲冬时节的正式开始。俗话说，“大雪进补，来年打虎”。大雪是进补的上好机会，但不可太过或乱补。可适当食用羊肉、鸽子肉，但不是每个人都适宜吃太燥的肉类，营养丰富、脂肪含量低的鱼肉也非常适合冬季进补食用。可以在滋补时增加冰糖、百合等甘润的食物，以起到“灭火器”的作用，防止身体上火。

十二月

星期六

七日

农历甲辰年·十一月初七

贰零贰肆

冻云宵遍岭
素雪晓凝华
入牖千重碎
迎风一半斜

十二月

星期日

八日

农历甲辰年·十一月初八

贰零贰肆

周而复始

十二月

星期一

九日

农历甲辰年·十一月初九

贰零贰肆

“道德当身，故不以物感。”中华优秀传统文化，蕴含着丰富的思想道德资源。比如，在坚守道德底线方面，强调“己所不欲，勿施于人”、“与人为善”、“以己度人”、“推己及人”，“君子忧道不忧贫”，要恪守“良知”，做到“俯仰无愧”。再比如，在树立道德理想方面，强调“大道之行也，天下为公”，人要“止于至善”，有社会责任感，追求崇高理想和完美人格，倡导“兼善天下”、“利济苍生”、“修身齐家治国平天下”，“见贤思齐焉，见不贤而内自省也”，做君子、成圣贤。

十二月

星期二

十日

农历甲辰年·十一月初十

贰零贰肆

文化通识

九州，是传说中我国上古时期划分的九个行政区域，州名分别为——冀、兖、青、徐、扬、荆、豫、梁、雍，后成为中国的别称。后又有十二州说，即从冀州分出幽州、并州，从青州分出营州。一般地说，“九州”泛指中国。

农历甲辰年·十一月十一

贰零贰肆

十一

十二月

星期三

加氢反应器

加氢反应器相当于石油工业中的“芯片”。它能够点石成金，将原油中的废弃油渣转化为柴油、汽油，将石油利用率最大化，从而发挥更大经济价值。我国于 2018 年成功制造与发运自主研发的国产加氢反应器，国产化开始步入正轨。2023 年，高 20 多层楼、重达 3000 吨的重型加氢反应器顺利启程，前往浙江石化进行装备安装。在这台大型加氢反应器加持下，国内石油利用率将提升至 90% 以上。

十二月

星期四

十二

农历甲辰年·十一月十二

贰零贰肆

中国活字印刷术

2010 年列入急需保护的非遗名录。活字印刷术是一种古代印刷方法，是中国古代劳动人民经过长期实践和研究发明的。北宋时毕昇发明了活字印刷术，其独特之处在于，木活字可以拆卸和重复使用，从而实现多次印刷。工匠们辗转于各地社群，将木活字和印刷工具带到祠堂、家族场所等，手工完成谱牒的印制。印刷完成后会有专门的仪式，工匠们将谱牒放置并锁在箱子中加以保存。

农历甲辰年·十一月十三

贰零贰肆

十三

十二月

星期五

南京大屠杀死难者国家公祭日

节气养生

进入大雪节气后，气温走低，在注意保暖防寒的同时，还可常常按摩腋窝、肘窝、膝窝排排毒。冬天的气候比较特殊，特别是大雪节气前后，如果晨练的时间太早可能会造成寒气入侵体内，所以最好在太阳出来之后再进行户外运动。同时，应注意通风换气，保持居室内的空气流通。

十二月

星期六

十四

农历甲辰年·十一月十四

贰零贰肆

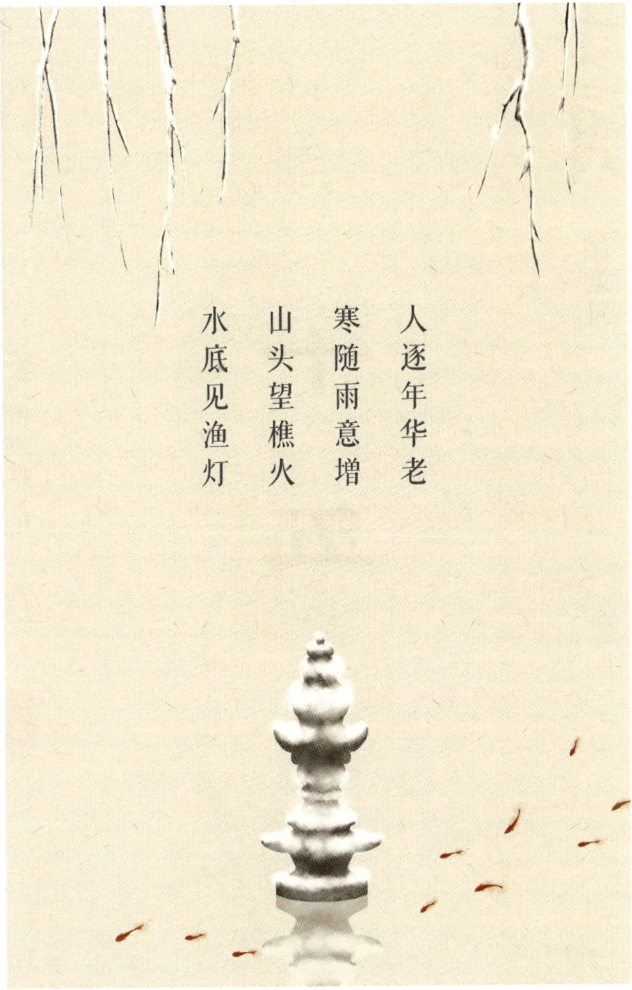
人逐年华老
寒随雨意增
山头望樵火
水底见渔灯

十二月

星期日

十五

农历甲辰年·十一月十五

贰零贰肆

周而复始

十二月

星期一

十六

农历甲辰年·十一月十六

贰零贰肆

中华文化源远流长，积淀着中华民族最深层的精神追求，代表着中华民族独特的精神标识，为中华民族生生不息、发展壮大提供了丰厚滋养。中华传统美德是中华文化精髓，也受到国际社会推崇和称赞。英国哲学家罗素说:“中国至高无上的伦理品质中的一些东西，现代世界极为需要”，“若能够被全世界采纳，地球上肯定比现在有更多的欢乐祥和”。现在，国际上出现“中华文化热”、“孔子热”，很多人都在探讨中华文化的时代价值，这也表明了中华文化具有重要现实意义。

十二月

星期二

十七

农历甲辰年·十一月十七

贰零贰肆

佛家有“五戒十善”之说。五戒即不杀生、不偷盗、不邪淫、不妄语、不饮酒。十善是在五戒基础上建立的，将身、口、意三业分成十种，即身戒三——不杀生、不偷盗、不邪淫；口戒四——不两舌（搬弄是非、离间他人）、不恶口（恶毒的语言）、不妄言（谎言胡说）、不绮语（花言巧语）；意戒三，不贪（贪恋）、不嗔（憎恨）、不痴（愚痴）。身、口、意代表了行为、语言和思想。五戒侧重于止恶，而十善侧重于修善。

十二月

星期三

十八

农历甲辰年·十一月十八

贰零贰肆

大国重器

国产大型邮轮

中国首制大型邮轮“爱达·魔都号”完成试航的所有验证项目并全部达标，计划2024年正式运营。世界上能造大型邮轮的国家非常少，直到21世纪初，法国、德国、意大利、荷兰4个国家的邮轮造船企业仍占全球90%以上的订单。这次国产大邮轮的研发和制造更加展现出我国造船工业硬实力的跃升。这艘大型邮轮光零件数量就高达2500万个，全船总电缆布置长度达4300公里，且内部系统繁多、交互复杂，在结构等方面还有特殊要求。

十二月

星期四

十九

农历甲辰年·十一月十九

贰零贰肆

赫哲族伊玛堪

2011年列入急需保护的非遗名录。赫哲族伊玛堪是中国黑龙江省的一种独特曲艺说书形式，代代相传于赫哲族聚居区，自清末民初时期便开始形成，以其丰富的节目类型、特有的表演风格和深刻的历史文化内涵，至今仍在当地乡村生活中扮演着重要角色。赫哲族伊玛堪的表演形式独特而多样，一般由一位艺人进行徒口叙述，结合说和唱的方式，向观众呈现丰富多彩的故事和传说。

十二月

星期五

廿日

农历甲辰年·十一月二十

贰零贰肆

节气养生

明天是冬至节气。古代民间有“冬至大如年”之说，又被称为“亚岁”，意思是冬至重要性仅亚于过年。冬至是一年中阴气最旺的一天；同时，“冬至一阳生”，冬至也是阳气刚刚萌发的日子。冬至这天，阴气到达了顶点，而阳气刚刚初生，一切又是新的轮回，可以从头开始为自己养好根基。

十二月

星期六

冬至

廿一

农历甲辰年·十一月廿一

贰零贰肆

日暮苍山远
天寒白屋贫
柴门闻犬吠
风雪夜归人

十二月

星期日

廿二

农历甲辰年·十一月廿二

贰零贰肆

周而复始

十二月

星期一

廿三

农历甲辰年·十一月廿三

贰零贰肆

要注重塑造我国的国家形象，重点展示中国历史底蕴深厚、各民族多元一体、文化多样和谐的文明大国形象，政治清明、经济发展、文化繁荣、社会稳定、人民团结、山河秀美的东方大国形象，坚持和平发展、促进共同发展、维护国际公平正义、为人类作出贡献的负责任大国形象，对外更加开放、更加具有亲和力、充满希望、充满活力的社会主义大国形象。

十二月

星期二

廿四

农历甲辰年·十一月廿四

贰零贰肆

《庄子·人世间》:“回曰：敢问心斋？仲尼曰：若一志，无听之以耳而听之以心；无听之以心而听之以气。听止于耳，心止于符。气也者，虚而待物者也，唯道集虚。虚者，心斋也。”庄子假托孔子、颜回，道出心斋之内涵。所谓心斋，首先要思虑集中，然后心听万物，而非耳听，更进一步，以气去听，达到耳听停止、心气合一之境。气的本质是中虚，能容纳外物；只有道能集合虚气。心同太虚，便到达心斋之境。庄子认为，人只有放弃心耳口鼻的执着，进入凝寂虚空的境界，才是心斋。

十二月

星期三

廿五

农历甲辰年·十一月廿五

贰零贰肆

华为麒麟芯片

人类正在跨越式地进入万物互联和人工智能时代，而芯片尤其是高端芯片将是所有实现万物互联和人工智能的核心。华为自主研发的麒麟芯片采用了先进的制程工艺和架构设计，可以提供出色的计算能力、图形处理能力和人工智能处理能力。麒麟芯片填补了我国高端技术领域产业链的最后空白，将带动中国智能制造的全面发展。

十二月

星期四

廿六

农历甲辰年·十一月廿六

贰零贰肆

福建木偶戏后继人才培养计划

2012年列入《保护非物质文化遗产优秀实践名册》。福建木偶戏是我国木偶表演艺术的杰出代表，主要演出形式为提线木偶与掌中木偶两种。自公元10世纪始在泉州、漳州及周边地区广泛传播。提线木偶则是在木偶手脚肘臂头等部位连接细线，然后表演者通过操纵丝线来进行表演；掌中木偶是将手伸进木偶里面，利用五指来控制木偶手脚头部来进行表演，也称为“布袋戏”。福建木偶戏历经千年，经过数代艺人的努力，不仅继承了传统的艺术手法和表演程式，而且也得到了很大的发展和提高。

十二月

星期五

廿七

农历甲辰年·十一月廿七

贰零贰肆

节气养生

冬至时节，阴阳转换，宜早睡晚起，少吃不易消化的食物，少玩手机，遇事不急。“阴极之至，阳气始生”，意味着冬至时阴气旺盛到了极点，阳气开始升起，并逐渐旺盛。由于阳是从阴里面生出来的，只有当阴足够旺盛时，阳气才能生得更好。因此冬至后应注意运动不可过多，要在动中求静。

十二月

星期六

廿八

农历甲辰年·十一月廿八

贰零贰肆

墙角数枝梅
凌寒独自开
遥知不是雪
为有暗香来

十二月

星期日

廿九

农历甲辰年·十一月廿九

贰零贰肆

周而复始

十二月

星期一

卅日

农历甲辰年·十一月三十

贰零贰肆

宣传阐释中国特色，要讲清楚每个国家和民族的历史传统、文化积淀、基本国情不同，其发展道路必然有着自己的特色；讲清楚中华文化积淀着中华民族最深沉的精神追求，是中华民族生生不息、发展壮大的丰厚滋养；讲清楚中华优秀传统文化是中华民族的突出优势，是我们最深厚的文化软实力；讲清楚中国特色社会主义植根于中华文化沃土、反映中国人民意愿、适应中国和时代发展进步要求，有着深厚历史渊源和广泛现实基础。

十二月

星期二

卅一

农历甲辰年·腊月初一

贰零贰肆

文化通识

我国古代戏剧的剧种为南昆、北弋、东柳、西梆，主要是清代地方戏曲兴起后的四大声腔系统。昆腔发源于江苏苏州昆山，故称“南昆”。弋阳腔发源于江西的弋阳，在清初传入北京，成为北京城里势力强大的戏曲声腔，故称其为“北弋”。“东柳”，清初流行于黄河下游的冀鲁豫各省及苏北、皖北等地，以唱俗曲曲牌为特色的弦索调。“西梆”，即梆子腔，发源于西北、晋陕一带，陆续形成许多不同流派的梆子腔。

（大国重器　文化明珠）

大国重器

3月27日	锦屏地下实验室
4月3日	“慧眼”卫星
4月10日	“太极一号”卫星
4月17日	地球系统数值模拟装置
4月24日	子午工程
5月1日	“九章三号”
5月8日	“墨子号”量子卫星
5月15日	“天机芯”类脑芯片
5月22日	“长征五号”系列运载火箭
5月29日	中国空间站
6月5日	“嫦娥五号”探测器
6月12日	“天问一号”与“祝融号”
6月19日	“蛟龙号”载人潜水器
6月26日	“奋斗者”号全海深载人潜水器
7月3日	智能铸锻铣短流程绿色复合制造机床
7月10日	JF-22超高速风洞
7月17日	全球二氧化碳监测科学实验卫星
7月24日	“张衡一号”电磁监测试验卫星
7月31日	高分五号卫星
8月7日	北斗卫星导航系统
8月14日	“鲲龙”AG600水陆两栖飞机

8月21日	“深海一号”半潜式钻井平台
8月28日	“蓝鲸1号”半潜式钻井平台
9月4日	“海牛Ⅱ号”海底大孔深保压取芯钻机系统
9月11日	金沙江白鹤滩水电站
9月18日	“运河号”盾构机
9月25日	港珠澳大桥
10月2日	共玉高速公路
10月9日	上海洋山深水港
10月16日	国和一号
10月23日	山东石岛湾高温气冷堆示范工程
10月30日	煤经合成气直接制高值化学品
11月6日	重组人血清白蛋白
11月13日	无人植物工厂水稻育种加速器
11月20日	基因测序仪
11月27日	新型基因编辑工具CRISPR-Cas12b
12月4日	一体化全身正电子发射/磁共振成像设备
12月11日	加氢反应器
12月18日	国产大型邮轮
12月25日	华为麒麟芯片

文化明珠

5月9日	南京云锦织造技艺
5月16日	端午节
5月23日	中国朝鲜族农乐舞
5月30日	格萨（斯）尔
6月6日	侗族大歌
6月13日	“花儿”
6月20日	玛纳斯
6月27日	妈祖信俗
7月4日	蒙古族呼麦歌唱艺术
7月11日	南音
7月18日	热贡艺术
7月25日	中国传统桑蚕丝织技艺
8月1日	藏戏
8月8日	龙泉青瓷传统烧制技艺
8月15日	宣纸传统制作技艺
8月22日	西安鼓乐
8月29日	粤剧
9月5日	中医针灸
9月12日	京剧
9月19日	中国皮影戏
9月26日	中国珠算

10月3日	二十四节气
10月10日	藏医药浴法
10月17日	太极拳
10月24日	送王船
10月31日	中国传统制茶技艺及其相关习俗
11月7日	羌年
11月14日	中国木拱桥传统营造技艺
11月21日	黎族传统纺染织绣技艺
11月28日	麦西热甫
12月5日	中国水密隔舱福船制造技艺
12月12日	中国活字印刷术
12月19日	赫哲族伊玛堪
12月26日	福建木偶戏后继人才培养计划

一年又一年

图书在版编目（CIP）数据

每日益读. 2024 / 仲辑编著. — 北京：党建读物出版社，2023.11

ISBN 978-7-5099-1557-8

Ⅰ. ①每… Ⅱ. ①仲… Ⅲ. ①历书—中国—2024 Ⅳ. ① P195.2

中国国家版本馆 CIP 数据核字（2023）第 202124 号

每日益读

MEIRI YIDU

（2024）

仲辑 编著

责任编辑：廖灵艳

责任校对：张学民

装帧设计：嘉信一丁

出版发行：党建读物出版社

地　　址：北京市西城区西长安街 80 号东楼（邮编：100815）

网　　址：http: // www. djcb71. com

电　　话：010 - 58589989 / 9947

经　　销：新华书店

印　　刷：北京顶佳世纪印刷有限公司

2023 年 11 月第 1 版　2023 年 11 月第 1 次印刷

787 毫米 ×1092 毫米　32 开本　24 印张　193 千字

ISBN 978-7-5099-1557-8　定价：78.00 元

ISBN 978-7-5099-1557-8

9 787509 915578 >

定价：78.00 元